贵州省农村产业革命重点技术培训学习读本

高效栽培与加工技术

轻松学

贵州省农业农村厅 组编

中国农业出版社
农村读物出版社
北 京

编 委 会

本书编撰组

编 撰 组 长	胡继承			
编撰副组长	王丽军			
编 撰 人 员	吴宗建	唐隆强	杨 力	雷睿勇
	金林红	王家伦	陈正武	陈 卓
	李向阳	谈孝凤	姚雍静	莫荣桂
	潘 科	徐嘉民	袁小娟	余海游
	李泉松	吴 琼	刘 源	孙 强
	田洪敏	范仕胜	肖一璇	张明露
	赵华富	肖笙笙	袁 越	徐婷婷

前言
FOREWORD

根据贵州省委、省政府开展脱贫攻坚进一步深化农村产业革命主题大讲习活动的工作部署，贵州省农业农村厅组织发动全省农业农村系统干部职工和技术人员，以“学起来、讲起来、干起来”为抓手，广泛开展“学理论、学政策、学技术”，进一步转变思想观念、转变发展方式、转变工作作风，进一步统一思想、凝聚力量、推动工作，巩固提升农村产业革命取得的成效，总结推广各地实践取得的经验，全面落实农村产业发展“八要素”，深入践行“五步工作法”，持续深入推进农村产业革命。为配合产业技术培训活动广泛深入开展，省农业农村厅组织专家、学者结合贵州省实际，编写了“贵州省农村产业革命重点技术培训学习读本”，供各级党政领导、村支两委干部、农业农村部门干部职工、农业经营主体等人员学习和培训使用。

茶是我国重要的经济作物，也是一种适于山区种植并利于农民脱贫致富的经济作物。贵州省位于我国西南地区云贵高原东部，纬度低、海拔高、日照少，是全国最适宜种茶的区域之一，具有得天独厚的生产环境。目前，贵州茶园种植面积居全国第一位，茶园投产面积达到561万亩[①]。为了帮助广大茶农提高名优茶的种植和加工技术水平，促进产业增效、茶农增收，特编写本书。本书采用图文并茂的形式介绍了茶树起源及现状、贵州茶产业发展、茶园建设管护、茶叶加工、标准体系建设、品牌建设和茶文化及茶与健康等内容，力求理论联系实际，做到内容丰富、通俗易懂、科学严谨、资料翔实，具有指导性、实用性和可操作性。

由于编写时间仓促，不足之处在所难免，敬请读者指正。

编　者

2020年2月

① 亩为非法定计量单位，1亩=1/15公顷。——编者注

目录
CONTENTS

一、茶的起源及现状

1. 什么是茶叶？

茶树是常绿木本植物，属山茶科山茶属，叶边缘有锯齿，叶脉多为7～10对，为网状脉，花一般为白色，种子有硬壳。1753年，植物分类学家林奈把茶定名为“*Thea sinensis* L.”，意为原产于中国的茶树。将茶树的芽叶经过特定加工工艺形成的产品就是茶叶。

2. 什么是变异品种茶叶？

变异品种茶叶是指利用山茶科山茶属茶组植物中茶树遗传变异，选育出特色品种，用其鲜叶加工出的特色产品。例如，正安白茶，虽然称为白茶，但如果是用绿茶技术工艺加工的，其本质是绿茶产品；瓮安黄茶，如果是用绿茶技术工艺加工的，其本质是绿茶产品。以此类推。

3. 什么是非茶之茶？

非茶之茶是指利用可饮用的非山茶科山茶属茶组植物的鲜叶，参照茶叶加工工艺形成的产品，如苦丁茶（木樨科、冬青科）、青钱柳茶（胡桃科）、老鹰茶（樟科）、杜仲茶（杜仲科）、银杏叶茶（银杏科）、柿叶茶（柿树科）、藤茶（葡萄科）等。

4. 茶树植物起源至今有多少年？

茶树在地球上已经存在了6 000万～7 000万年。大约1.4亿年前，地壳运动等促使贵州高原地貌初现。大约6 000万年前，地壳运动中出现了造山运动，造山运动等形成了喜马拉雅山，喜马拉雅山的强烈抬升等运动形成了贵州地势。茶树起源于第三纪，据贵州生物化石及岩石年份等相关资料，贵州是三叠纪岩溶完整、丰富、集中的地区，喀斯特地貌如此变化多端，是我国茶区所罕见的。在贵州这古老的生态良好的带酸性的岩溶地层，目前依然幸存分布着无数的野生茶树。

5. 如何证明中国是茶树的故乡？

目前，世界上只有中国有最早完整的文献资料记载。中国从5 000年前发现茶叶、原始利用茶叶，到3 000年前人工栽培茶叶、加工饮用茶叶，到2 000年前零星茶文化兴起，至1 000年前各种茶事茶文化活动盛行等，茶叶历经药用、食用、饮用、衍生、产业发展等。中国是唯一完全具备六大基本茶类生产加工及产品消费的国家，有完整文献资料记录中国茶叶通过不同历史时期、不同渠道和形式传到世界各国，茶树遗传基因等研究直接证明种茶国家的茶树品种源于中国。

6. 为什么说中国西南地区是茶树起源中心地?

这是通过系列科考及专题研究得出的结论，广泛被茶界、植物物种起源科学界及茶叶领域的学者、研究者高度认可。科学家们通过各地所栽培的茶树品种研究，特别是对茶树染色体进化的研究，发现茶树品种演化和亲缘关系的源头在西南地区的原始品种茶树上。来自西南地区的原始品种茶树通过不同的演化途径产生不同的现代茶树品种。

①从茶树的自然分布来证明我国西南地区就是茶树的发源地。

已发现的山茶科植物共有23属380余种，在我国就有15属260余种，其中大部分自然分布在云南、贵州和四川一带。目前，发现的山茶属有100多种，而云贵高原就有60多种，在这60多种中以茶树种占最重要的地位。植物学专家认为，若有许多属的起源中心在某一个地区集中，则证明该地区是这一植物区系的发源中心。自然分布的山茶科山茶属植物在中国西南区域的高度集中，直接证明了山茶属植物的发源中心在我国西南地区，我国西南地区就是茶的发源地。

②从地壳造山运动等引起地质变迁来证明我国西南地区是茶树原产地。

据地壳运动及茶树起源演变等资料，从地壳造山运动等引起地质变迁来看，西南地区山脉连绵、群山起伏、垂直落差变化大，河谷纵横交错，山形地形变化多端，从而形成繁多的地貌区域和气候区域，处在低纬度和海拔相差悬殊的条件下，形成气候差异大，造成原来生长在这里的茶树，被分置在热带、亚热带和温带不同的气候中，这些环境条件导致茶树种内变异，然后形成了热带型和亚热带型的大叶种和中叶种茶树、温带的中叶种及小叶种茶树。植物学专家认为，某物种变异最多的地方是该物种起源的中心地。中国西南地区，发现茶树变异最多、资源最丰富，因此我国西南地区是茶树起源的中心地。

③从发现原始型茶树比较集中的区域来证明中国西南地区是茶树原产地。

据有关资料，茶树的进化类型：是指茶树在其漫长的发展史上，始终趋向于进化。由此得知，原始型茶树比较集中的地区就是茶树的原产地。中国西南三省及其毗邻地区发现的野生大茶树具有原始茶树的形态特征和生化特性，这就证明了我国的西南地区是茶树起源的中心地。

④从发现茶籽化石来证明贵州处于茶树起源核心地带。

贵州是世界上唯一发现和拥有茶籽化石的省份。1980年，科研人员在野外调研茶树种质资源，走至贵州晴隆县和普安县交界处云头大山，科考人员卢其明先生发现茶籽化石，由贵州省农业科学院茶叶研究所专家送至中国科学院地球化学研究所和中国科学院南京地质古生物研究所，经鉴定是四球茶籽化石，距今至少百万年以上，是世界上目前为止发现最古老的、唯一的茶籽化石，化石所在周边幸存数以万计的四球茶古茶树等。因古生物化石丰富，贵州又被国际有关学术界称为“古生物化石王国”，所有这些足以证明贵州是茶树起源核心地带。

7. 我国什么时候出现有关茶叶的最早文字记载？

公元前130年，西汉司马相如在其所著的《凡将篇》中，记录了当时的20种药物，其中的“荈诧”就是茶。秦汉时期的《尔雅》一书中也载有“槚，苦荼”。这是到目前为止，我国所发现的有关茶的最早文字记载。

8. 贵州古茶树有多少？

全省重点产茶县均有古茶树，只是各地幸存下来并保护的数量有的多，有的少。独特的地质结构和地形地貌造就了贵州特有的生物多样性和生态系统的多样性，同时也造就古茶树的多样性。据《贵州茶产业发展报告》的不完全统计，贵州乔木型、小乔木型、灌木型古茶树近120万株，其中相对集中连片的1 000株以上的古茶园有50处，树龄200年以上古茶树超过15万株。

9. 贵州历史上名茶和贡茶有哪些？

贵州历史上名茶和贡茶有20余种，如：都匀毛尖、贵定云雾茶、独山高寨茶、普定朵贝茶、凯里香炉茶、旧州回龙茶、镇远天印茶、花溪赵司贡茶、开阳南贡茶、务川都濡月兔茶（都濡高株茶）、沿河姚溪贡茶、梵净团龙茶、贞丰娘娘茶、纳雍姑箐茶、金沙清池贡茶、大方海马宫茶等。

10. 贵州古茶树重点乡镇已知的有哪些？

评选"贵州重点古茶树之乡"，旨在让更多的人认知古茶树的种质资源价值与茶文化作用，加强古茶树资源的保护与合理开发利用，丰富贵州茶文化，促进茶产业发展。

15个乡镇分别为：普定县化处镇、镇宁革利乡、三都县都江镇、贵定县云雾镇、花溪区久安乡、毕节市七星关区亮岩镇、纳雍县水东乡、道真自治县棕坪乡、普安县青山镇、晴隆县碧痕镇、水城县蟠龙镇、六枝特区大用镇、沿河自治县塘坝乡、金沙县清池镇等。

11. 中国最早的“茶”字有哪些？

史料中茶的名称很多。西汉司马相如的《凡将篇》中提到的“荈诧”就是茶。西汉末年，扬雄的《方言》中称茶为“蔎”；《神农本草经》（约成书于东汉）中称之为“荼草”或“选”，东汉的《桐君录》（撰人不详）中谓之“瓜芦木”；南朝宋山谦之的《吴兴记》中称为“荈”；东晋裴渊的《广州记》中称之为“皋芦”；此外，还有“诧”“奼”“茗”“荼”等称谓，均认为是茶之异名同义字。唐陆羽在《茶经》中也提到“其名，一曰茶，二曰槚，三曰蔎，四曰茗，五曰荈”。《茶经》中对茶的提法不下10余种，其中用得最多、最普遍的是荼。他将“荼”字减少一划，改写为“茶”。从此，在古今茶学书中，茶字的形、音、义也就固定下来了。

12. 我国各类茶叶的生产是什么时候出现的？

六大茶类出现顺序当为：绿→黄→黑→红→白→青。

①绿茶。我国最早创制的茶类，自茶叶正式作为饮料后，其基本加工方法就已形成。公元8世纪发明蒸青绿茶制法开始，唐时出现“蒸青团茶”的制法。绿茶炒青制法的精细工艺是在明代形成的。

②黄茶。在1570前后，在加工中发现黄变现象后不断改进和完善而形成，到现在有400多年历史了。

③黑茶。始于15 ～ 16世纪，《甘肃通志·茶法》载“安化黑茶，在明嘉靖三年以前，开始制造”。

④红茶。福建武夷山首创小种红茶，时间是在16世纪末与17世纪初之间。

⑤白茶。大约起源于明代中期，从清嘉庆年间（1796—1820年）开始，其工艺不断发展，咸丰年间（1851—1861年）得以正式形成。

⑥青茶。创制于清雍正年间（1723—1735年）的，乌龙青茶是在咸丰年间（1851—1861年）开始生产的。

⑦茉莉花茶。起源于南宋，产于福建省福州市及闽东北地区。

13. 中国茶叶在世界上广泛传播后，有多少个国家产茶?

全世界有50多个国家与地区产茶，大致分布在北纬49°到南纬33°。

亚洲有：中国、印度、斯里兰卡、孟加拉国、印度尼西亚、日本、土耳其、伊朗、马来西亚、越南、老挝、柬埔寨、泰国、缅甸、巴基斯坦、尼泊尔、菲律宾、韩国等；非洲有：肯尼亚、马拉维、乌干达、莫桑比克、坦桑尼亚、刚果、毛里求斯、卢旺达、喀麦隆、布隆迪、南非、埃塞俄比亚、马里、几内亚、摩洛哥、阿尔及利亚、津巴布韦等；美洲有：阿根廷、巴西、秘鲁、墨西哥、玻利维亚、哥伦比亚、危地马拉、厄瓜多尔、巴拉圭、圭亚那、牙买加等；欧洲有：俄罗斯、格鲁吉亚、葡萄牙等。

14. 中国在世界茶业中处于什么地位?

中国是第一产茶大国。据中国茶叶流通协会《中国茶叶产销形势分析报告》、国际茶叶委员会统计资料，2018年全国茶园面积达303万公顷，占全球茶园面积（488万公顷）的62.1%；茶叶产量261.6万吨，占全球总产量589.7万吨的44.4%；面积及产量均位居世界第一位。茶产量位居前十位的其他国家分别是：印度133.9万吨、肯尼亚49.3万吨、斯里兰卡30.4万吨、土耳其25.2万吨、越南16.3万吨、印度尼西亚13.1万吨、孟加拉国8.2万吨、日本8.2万吨、阿根廷8.0万吨（表1-1）。

表1-1　2018年各个国家和地区茶叶总生产量

序号	国家	生产量（万吨）	同比增长（%）
1	中国	261.6	4.79
2	印度	133.9	1.28
3	肯尼亚	49.3	12.08
4	斯里兰卡	30.4	−1.21
5	土耳其	25.2	−1.33
6	越南	16.3	−6.86
7	印度尼西亚	13.1	−2.24
8	孟家拉国	8.2	4.03
9	日本	8.2	3.43
10	阿根廷	8.0	2.44
	……		
	总计	589.7	3.49

数据来源：国际茶叶委员会。

15. 中国茶叶出口现状如何？

据中国茶叶流通协会《中国茶叶产销形势分析报告》、国际茶叶委员会统计、中国海关统计资料，2018年，全球茶叶出口总量185.25万吨，中国出口36.5万吨，排名第二，同比上升2.66%，出口额达17.8亿美元，同比增长10.1%。

根据茶类来看。2018年，除红茶出口量为3.30万吨，同比减少7.2%外，其他茶类出口量均有不同幅度增长。中国的绿茶出口30.29万吨，同比上升2.8%，占出口总量83%；乌龙茶出口1.9万吨，同比上升17.19%；花茶出口0.69万吨，同比上升12.31%；普洱茶出口0.3万吨，同比上升9.1%（表1-2）。

表1-2　2018年中国茶叶按茶类出口量价额统计

茶类	2018年出口量（万吨）	2018年出口额（亿美元）	2018年出口均价（美元/千克）	出口量同比增长（%）	出口额同比增长（%）	出口均价同比增长（%）
花茶	0.69	0.66	9.57	12.31	30.09	15.83
绿茶	30.29	12.23	4.04	2.80	7.47	4.55
乌龙茶	1.90	1.80	9.52	17.19	53.22	30.74
普洱茶	0.30	0.28	9.44	9.10	−5.03	−12.95
红茶	3.30	2.81	8.50	−7.21	0.72	8.54
总量	36.49	17.78	4.87	2.66	10.13	7.27

数据来源：中国茶叶流通协会。

据中国茶叶流通协会《中国茶叶产销形势分析报告》统计，2018年，进口中国茶叶的国家或地区有128个。进口中国茶叶超过万吨的国家或地区有12个；进口中国茶叶集中度高，排名前20的国家或地区占到中国总出口量的82.4%。中国茶叶对美出口未受到两国经济贸易摩擦的影响，数量及金额见表1-3。

表1-3　2018年出口量和出口额排名前20的国家或地区

序号	出口量排名前20的国家或地区		出口额排名前20的国家或地区	
	国家或地区	总量（万吨）	国家或地区	总额（亿美元）
1	摩洛哥	7.76	中国香港	3.13
2	乌兹别克斯坦	2.46	摩洛哥	2.37
3	塞内加尔	1.79	越南	1.01
4	美国	1.55	美国	0.89
5	俄罗斯	1.49	马来西亚	0.77
6	加纳	1.49	塞内加尔	0.75

（续）

序号	出口量排名前20的国家或地区		出口额排名前20的国家或地区	
	国家或地区	总量（万吨）	国家或地区	总额（亿美元）
7	阿尔及利亚	1.45	加纳	0.65
8	中国香港	1.42	多哥	0.62
9	毛里塔尼亚	1.41	毛里塔尼亚	0.60
10	多哥	1.40	日本	0.59
11	日本	1.34	阿尔及利亚	0.50
12	德国	1.09	乌兹别克斯坦	0.47
13	贝宁	0.87	德国	0.44
14	喀麦隆	0.86	俄罗斯	0.41
15	巴基斯坦	0.81	缅甸	0.34
16	利比亚	0.74	韩国	0.32
17	泰国	0.58	西班牙	0.31
18	马里	0.56	泰国	0.29
19	法国	0.48	法国	0.28
20	越南	0.43	马里	0.24

数据来源：中国海关。

2018年世界各国总出口量见表1-4。

表1-4　2018年世界各国茶叶总出口量

序号	国家	出口量（万吨）	同比增长（%）
1	肯尼亚	47.5	14.23
2	中国	36.5	2.66
3	斯里兰卡	27.2	−2.31
4	印度	24.5	−0.78
5	越南	13.6	−2.86
6	阿根廷	7.8	4.11

（续）

序号	国家	出口量（万吨）	同比增长（%）
7	乌干达	4.9	6.37
8	印度尼西亚	5.0	−9.53
9	马拉维	3.5	18.87
10	坦桑尼亚	2.7	1.75
	……		
	总计	185.3	3.43

数据来源：国际茶叶委员会。

16. 世界进口茶叶前十位有哪些国家？

据中国茶叶流通协会《中国茶叶产销形势分析报告》、国际茶叶委员会统计资料，世界进口茶叶前十位见表1-5。

表1-5　2018年世界各国茶叶总进口量

序号	国家	进口量（万吨）	同比增长（%）
1	巴基斯坦	19.2	9.58
2	俄罗斯	15.3	−6.25
3	美国	13.9	−4.9
4	英国	10.8	−0.45
5	独联体（不包括俄罗斯）	9.0	2.28
6	埃及	8.2	−15.33
7	摩洛哥	7.3	3.55
8	伊朗	6.4	0.96
9	迪拜	6.3	8.62
10	伊拉克	4.1	8.38
	……		

（续）

序号	国家	进口量（万吨）	同比增长（%）
	总计	173.8	0.61

数据来源：国际茶叶委员会。

17. 中国现代茶区是如何划分的？

中国现代茶区的划分是以生态气候条件、产茶历史、茶树类型、品种分布和茶类结构为依据。将全国划分为四大茶区，即华南茶区、西南茶区、江南茶区和江北茶区。

18. 近年来中国各主要产茶省份的茶叶生产情况如何？

据中国茶叶流通协会《中国茶叶产销形势分析报告》统计，2018年，全国18个主要产茶省份茶园总面积4 395.6万亩，比上年增加123万亩，增幅为2.9%。面积最大的5个省份是贵州（684.3万亩）、云南（666.8万亩）、四川（545.1万亩）、湖北（449.0万亩）、福建（310.8万亩），见表1-6。

表1-6　2018年中国主要产茶省茶园面积

省份	2017年（万亩）	2018年（万亩）	增减量（万亩）	同比增长（%）
江苏	50.6	50.6	0.0	0.0
浙江	297.8	298.8	1.0	0.3
安徽	248.2	254.6	6.4	2.6
福建	310.7	310.8	0.1	0.0
江西	156.6	171.3	14.7	9.4
山东	31.0	33.0	2.0	6.5
河南	173.7	174.5	0.8	0.5

（续）

省份	2017年（万亩）	2018年（万亩）	增减量（万亩）	同比增长（%）
湖北	425.0	449.0	24.0	5.6
湖南	233.7	253.3	19.6	8.4
广东	87.6	93.0	5.4	6.1
广西	112.0	115.6	3.6	3.2
海南	3.1	3.6	0.5	16.1
重庆	59.9	67.3	7.4	12.3
四川	534.4	545.1	10.7	2.0
贵州	684.3	684.3	0.0	0.0
云南	656.8	666.8	10.0	1.5
陕西	189.9	207.0	17.1	9.0
甘肃	17.6	17.2	−0.4	−2.3
总计	4 272.8	4 395.6	122.8	2.9

数据来源：中国茶叶流通协会。

2018年，全国干毛茶产量为261.6万吨，比上年增加12万吨，增幅4.8%。各省干毛茶产量见表1-7。

表1-7　2018年中国各省干毛茶产量

省份	2018年（吨）	2017年（吨）	增减数（吨）	同比增长（%）
江苏	14 558	14 428	130	0.9
浙江	186 000	184 231	1 769	1.0
安徽	134 922	132 203	2 719	2.1
福建	401 620	398 628	2 992	0.8
江西	70 900	63 367	7 533	11.9
山东	28 848	25 665	3 183	12.4
河南	74 029	67 878	6 151	9.1
湖北	314 453	298 878	15 575	5.2

（续）

省份	2018年（吨）	2017年（吨）	增减数（吨）	同比增长（%）
湖南	213 626	197 476	16 150	8.2
广东	96 459	91 458	5 001	5.5
广西	73 000	70 000	3 000	4.3
海南	632	569	63	11.1
重庆	39 593	36 948	2 645	7.2
四川	295 000	280 000	15 000	5.4
贵州	199 327	176 498	22 829	12.9
云南	398 100	390 265	7 835	2.0
陕西	73 547	66 571	6 976	10.5
甘肃	1 388	1 348	40	3.0
全国	2 616 002	2 496 411	119 591	4.8

数据来源：中国茶叶流通协会。

2018年，全国干毛茶总产值达到2 157.3亿元，比上年增加207.7亿元，增幅10.65%，各省干毛茶产值见表1-8。

表1-8　2018年中国各省干毛茶产值

省份	2018年（亿元）	2017年（亿元）	增减数（亿元）	同比增长（%）
江苏	26.22	26.1	0.12	0.5
浙江	206.25	200.25	6.0	3.0
安徽	118.02	111.33	6.69	6.0
福建	257.36	237.19	20.17	8.5
江西	64.88	57.07	7.81	13.7
山东	62.85	57.4	5.45	9.5
河南	126.32	119.08	7.24	6.1
湖北	145.96	138.99	6.97	5.0
湖南	186.17	175.16	11.01	6.3

（续）

省份	2018年（亿元）	2017年（亿元）	增减数（亿元）	同比增长（%）
广东	44.34	39.38	4.96	12.6
广西	56.97	43.8	13.17	30.1
海南	0.49	0.46	0.03	7.2
重庆	26.49	22.03	4.46	20.2
四川	246.04	211.68	34.36	16.2
贵州	281	240	41	17.1
云南	164.61	139.76	24.85	17.8
陕西	140.55	127.31	13.24	10.4
甘肃	2.82	2.7	0.12	4.6
全国	2 157.34	1 949.69	207.66	10.65

数据来源：中国茶叶流通协会。

19. 世界上茶叶消费大国有哪些？

据有关资料，在世界前十大茶叶消费国中，生产茶叶的国家有5个，分别是中国、印度、土耳其、日本、印度尼西亚。据中国茶叶流通协会《中国茶叶产销形势分析报告》统计，2018年，中国不含进口茶叶自产自销量已达191.05万吨，进口茶叶量达3.55万吨。世界茶叶消费前10名国家消费量情况见表1-9。

表1-9　2018年世界茶叶消费前10名国家消费量（万吨）

中国	印度	土耳其	巴基斯坦	俄罗斯	美国	英国	日本	印度尼西亚	埃及
211.9	108.4	24.6	19.2	16.2	12.0	10.7	10.6	10.3	9.4

数据来源：国际茶叶委员会。

20. 目前茶叶消费量最大的是哪个国家？年消费量是多少？

据国际茶叶委员会统计数据，2018年，世界茶叶消费量最大的国家是中国，达211.9万吨；居第二位的是印度，为108.4万吨；居第三位的是土耳其，为24.6万吨，值得注意的是，土耳其连续5年超越俄罗斯，成为世界第三大茶叶消费国；居第四位的是巴基斯坦，为19.2万吨；俄罗斯为16.2万吨；美国12.0万吨；英国10.7万吨；日本10.6万吨；印度尼西亚10.3万吨，首次超过埃及；埃及9.4万吨。

二、贵州茶产业发展

21. 贵州茶产业发展的现状如何？

贵州是中国唯一兼具低纬度、高海拔、多云雾、无污染的全省域高原优质茶区，茶的生态环境和天然品质得天独厚。茶产业是贵州现代山地特色高效农业发展的新样板，是全省脱贫攻坚战实现同步小康的希望产业。

①面积及产量。截至2018年年底，全省茶园面积700万亩（其中投产面积561万亩），在全国茶园总面积中占比超过1/7，连续6年居全国第一；产量36.2万吨，总产值394亿元。

②生产企业。截至2018年年底，全省注册茶叶加工企业（合作社）达到4 990家，其中国家级龙头企业7家，占全国总数37家的近1/5，省级龙头企业228家（2018年新增42家），市级龙头企业397家。通过ISO9001、HACCP质量管理体系认证企业164家，获对外贸易经营资格106家，新增27家。

③出口格局。近五年（2013—2017年）年年增长，出口量从2013年的67.5吨增长到2017年的2 852.6吨，金额从307.3万美元增长到7 730.8万美元，分别增长了41倍和24倍。

④促脱贫增收。2018年茶产业带动贫困户人口45.2万人，脱贫人数13.71万人；涉茶人员年人均收入达到9 287.5元；其中涉茶贫困户的人均年收入达到4 388.2元，人均年增收2 109.4元。

22. 贵州近些年出台了哪些促进茶产业发展的政策文件？

2006年以来，随着《中共贵州省委 贵州省人民政府关于加快茶产业发展的意见》（黔党发〔2007〕6号）、《贵州省人民政府办公厅关于印发<贵州省茶产业提升三年行动计划（2014—2016年）>的通知》（黔府办发〔2014〕19号）、《贵州省人民政府办公厅关于印发贵州省发展茶产业助推脱贫攻坚三年行动方案（2017—2019年）的通知》（黔府办发〔2017〕48号）、《中共贵州省委 贵州省人民政府关于加快建设茶产业强省的意见》（黔党发〔2018〕22号）等政策文件的相继出台，有力地支撑了贵州茶产业健康持续发展。

23. 贵州是如何从全产业链抓茶产业发展的？

①强基地。不断夯实贵州作为中国茶叶原料中心的基础。一是茶园规模和集中度不断提高。以遵义、铜仁、黔南、黔东南等茶区为主的武陵山区茶园面积达到500万亩，成为中国绿茶新金三角。二是茶树资源得到保护。2017年9月1日，《贵州省古茶树保护条例》正式实施，成为全国第一个省级古茶树保护法规；各地也相应出台保护办法或条例。贵州古茶树资源的保护、管理、开发、利用、科研走上法制化轨道。三是基地专业化、标准化水平大幅提升。以实施标准园建设为抓手，集成推广先进适用技术，重点推广茶叶专用肥、茶园病虫害统防统治、机械化管护与采摘技术，促进茶园提质增效。在万亩乡镇全面

推广茶园管护机械化综合配套技术。四是建设标准化专用基地。推动茶产业与旅游、农产品加工、沼气能源、林下养殖、茶园间套种、林木产业等深度融合。品牌企业到集中产区、规模茶场建设专属茶园。实现旅游景区与茶叶园区建设互融互通、共建共赢。

②保安全。一是强化茶园投入品的管控。参照欧盟及日本标准，在国家茶园禁用农药55种的基础上，提高到了120种，全国率先禁用水溶性农药及草甘膦。在主产县及乡镇设立农药和肥料等茶园投入品的专营店（专柜），严格台帐管理，建立可追溯制度；严控塑料袋、塑料盆、生活垃圾等进入茶山。二是推广病虫害绿色防控。依托贵州大学宋宝安院士团队、贵州省农业科学院茶叶研究所植保团队、贵州省植保植检站等专家技术力量，研究集成以生物防治和物理防治相结合的茶园病虫害绿色防控技术，开展茶园病虫害统防统治。大力推广茶中有林、林中有茶的生态建园模式。三是推行清洁化生产。以茶叶加工企业在制品不落地为前提，以机械化生产为基础，以质量管理体系认证为突破口，推行茶叶清洁化生产。推动茶叶加工企业对茶叶加工关键控制点进行深入研究和技术应用，开展SC、ISO9001、HACCP等认证。四是加大安全监管力度。在茶园核心区域建立禁用农药宣传板、宣传栏，向社会公布违规使用农药的举报电话。深入茶区，开展质量安全督促检查，督促各茶区、茶企开展质量安全自查。湄潭、凤冈、正安、松桃、雷山、思南、普安、余庆、瓮安等9个县成功创建“国家级出口茶叶质量安全示范区”，占全国示范区总数的1/4。60家企业上线的贵州省茶叶质量安全云服务平台运行正常，121家企业录入贵州省农产品质量安全追溯系统。2019年11月6日在上海举办的中国首届进口博览会上，陈宗懋院士继续点赞贵州茶：“贵州茶叶干净安全，大家放心喝”。

③促加工。一是推进企业集群集聚。通过整体收购、兼并重组、控股经营、品牌营销等方式，并强化招商引资，发展了一批茶叶大型企业，推动了加工企业集群集聚，初步形成大中小并举的企业集群。截至2018年年底，全省注册茶叶企业（合作社）4 990家，其中国家级龙头企业7家，占全国总数的1/5，省级龙头企业228家，市级龙头企业397家。二是树立了中国茶叶标准的新标杆。以标准制修订和宣贯为抓手，推进贵州茶品质提升。2010年10月，贵州省质量技术监督局出版了《贵州茶叶技术标准规程》。2015年3月颁布实施都匀毛尖、湄潭翠芽、绿宝石等10个品牌27项产品标准和加工技术规程。新标准特级、一级绿茶水浸出物含量40%，高于国标标准6个百分点；水分含量6.5%，严于国标标准0.5个百分点。以新标准引导一芽一二叶为原料的优质茶叶生产，倒逼企业改进生产工艺，突出贵州茶香、贵州茶滋味浓的品质优势，突出贵州茶不贵、贵州茶性价比高的价格优势。为贯彻落实国家新出台的行业标准，顺应产业生产实际对安全指标方面的形势要求，2018年4月经“三绿一红”管理单位提出，联合质监局开展了“三绿一红”标准修订，11月1日正式实施。以标准宣贯引导各茶区一芽一二叶为原料的优质春茶大规模生产以及夏秋茶机械化采摘和加工。三是优化茶产品结构。引导以绿茶为主体，推动红茶、黑茶等多种茶类的开发与生产，提高茶青资源下树率，提高茶园的综合效益。到2018年年底，全省各类茶叶总产量36.2万吨，产值394.9亿元。四是推行初精制分离、拼配数据化。推动茶叶核心产区，以贵州省重点品牌和主打产品为核心，推动加工初精制分离，实现茶叶初加工在茶园附近就近加工，精制加工落户园区。以大型企业集团（联盟）为平台，从事茶叶的跨区域、跨季节、跨品种的数字化精制拼配。引导支持茶叶产业链条延伸，大力开发茶叶精深加工产品，提高产业链附加值。

④拓市场。一是找准市场定位，推动渠道落地，确定省外市场。围绕目标市场，以嫁接渠道为主，促进渠道落地。支持企业到32个省（市）建立营运中心，支持企业到北京、上海等地抱团宣传，促进贵州茶落地。贵州茶在华北、华东、华南等目标市场份额日益扩大，在北京马连道茶城、上海丰庄茶城等全国性批发市场占比不断提升。二是扩大出口市场。出口额快速增长，欧标茶生产基地正在加快打造。据贵州省出入境检验检疫局数据，2017年出口达7 164万美元，茶叶已成为贵州继烟、酒之后的第三大出口农产品。三是电商覆盖率逐步扩大。入驻淘宝网、京东商城、阿里巴巴等知名的综合电商平台；建立了京东商城·贵州馆、黔茶商城等电商平台。在湄潭、凤冈、黎平、金沙等茶区建立茶园直供电商交易平台，尝试跨品种经营，多渠道共享。打造专属茶园、主题酒店、主题餐厅、O2O体验店等线上线下互动平台，推动茶与电商融合。四是大力实施黔茶品牌战略。以“贵州绿茶”引领，各市、县核心区域品牌融合，企业品牌跟进的方式，构建“省级公用品牌（母品牌）+核心区域品牌+企业品牌（子品牌）”的贵州茶品牌体系。理顺公共品牌产权关系，制定品牌管理及授权制度，使品牌运营走上规范化道路。依托品牌，推动组建贵茶联盟等一批茶叶企业集团，连接上游企业，建立了品牌运营主体。截至2018年年底，全省茶企通过工商部门注册登记商标数1 579个，茶叶类中国驰名商标6个、农产品地理标志保护产品25个。

⑤推品牌。2014年以来，全省重点打造贵州绿茶、都匀毛尖、湄潭翠芽、绿宝石、遵义红品牌，大力扶持“梵净山茶”“凤冈锌硒茶”“石阡苔茶”“瀑布毛峰”“正安白茶”“雷山银球茶”等公共品牌的发展。以省重点品牌和主要公共品牌为核心，围绕省外目标市场，以促进茶叶渠道落地为重点，多种形式、线上线下结合宣传推广，不断提升贵州绿茶的知名度和

影响力。

⑥育文化。贵州各族人民素有“客来敬茶”的优良传统，民族茶俗丰富多彩，形成了风格独特的贵州茶文化。茶文化的研究与保护在不断加强。贵州省茶文化研究会，贵州省绿茶品牌发展促进会等行业协会逐渐壮大，已成为承办茶事活动、推进茶文化交流的主要民间力量，承办了丝绸之路、黔茶飘香、秋季斗茶赛、全国茶艺大赛等重要茶事活动。出版了《贵州茶产业发展报告》《贵州茶百科全书》等20余本书籍，拍摄了《贵州茶香》《村支书何殿伦》《带你飞跃茶海》和《星火燎原之云雾街》等一批茶文化影视作品。推动茶文化“六进”活动。总结推广了“高水温、多投茶、不洗茶、快出汤”的贵州冲泡方法。

24. 贵州主要的产茶区有哪些？

根据行政区划、海拔、产茶类型等条件将贵州产茶区主要分为5个，分别是黔中、黔南高档名优茶产业带，黔东优质出口绿茶产业带、黔北锌硒优质绿茶产业带、黔西北高山有机绿茶产业带、黔西南大叶种早生绿茶和花茶产业带。

25. 贵州的生态环境对茶叶的生产有什么优势？

贵州是中国唯一低纬度、高海拔、多云雾兼具的地区，有着良好的气候土壤优势和生态环境优势，是全国最适宜种茶的区域之一，宜茶面积大，生态环境良好，工业污染小，农药、化肥施用水平低，且富含硒、锌、锶等有益微量元素，是发展“绿色、生态、安全、健康”茶的天然理想区域。其全域植被广袤，森林覆盖率达到55.3%，使得贵州的茶叶大都出自云雾高山，处处青山绿水，四季云雾缭绕，遍布着“茶中有林、林中有茶”的生态茶园，具有内含物质丰富，香高馥郁、鲜爽醇厚、汤色明亮等独特品质，在国内素有“味精茶”之美誉。截至2018年年底，全省通过无公害茶、绿色食品茶和有机茶认证的茶园面积分别达587万亩、11万亩和30.8万亩，全省通过地理标志保护产品认证的产品达25个。贵州茶叶是真正意义上的绿色茶、生态茶、安全茶、健康茶。

26. 贵州茶叶在质量安全上有什么优势？

贵州茶叶在质量安全上有很明显的比较优势。首先，贵州地处茶树原产地的核心区域，生物学上，原产地的东西最好。其次，贵州海拔高，夏季气候冷凉，茶园害虫发生代数相对其他省份要少。例如：茶毛虫在贵州茶园一年发生1 ~ 2代，在福建、浙江等地发生3 ~ 4代。再次贵州自然生态环境良好，茶园模式特点是茶中有林、林中有茶、茶林相间，一方面改善茶园的生态条件，有利茶树生长，另一方面增加了茶园生物多样性。茶园天敌资源比较丰富，茶园中的蜘蛛、草蛉、瓢虫等天敌大幅度减少，从而减少了茶园害虫基数。长期以来贵州茶产业始终将质量安全建设放在首位，对茶叶质量安全严防死守，坚持“零容忍”，大力推广绿色防控技术，严格从源头对农药等农业投入品进行管控，坚守质量安全底线，保障了贵州茶的质量安全。

27. 贵州高品质绿茶有哪些特征？

贵州绿茶具有“翡翠绿、嫩栗香、浓爽味”的独特品质特征。

①翡翠绿。贵州绿茶的“绿”，是晶莹的绿，润泽的绿。其干茶色泽绿润、汤色绿明亮、叶底绿鲜活。

②嫩栗香。贵州绿茶的香气为嫩栗香，这种香气介于清香

和栗香之间。根据对贵州绿茶样品的挥发性成分按化合物显香分类统计，大部分贵州绿茶的香型为花香、果香、清香，嫩栗香很好地概括了贵州绿茶的香气特点。

③浓爽味。茶叶滋味由多种因素决定，包括水浸出物、茶多酚、游离氨基酸、咖啡因、可溶性糖等。绿茶国家标准水浸出物含量是决定茶汤浓、醇度的指标，水浸出物含量为≥34%，而贵州平均值达到45.80%。游离氨基酸是茶汤鲜度指标，其参考值为2%～4%，贵州平均值为5.61%。茶多酚和咖啡因是茶汤苦、涩、浓度指标，贵州绿茶参考值均低于全国平均值。氨基酸和茶多酚的比值决定了茶汤鲜、醇度指标。通常氨/酚比大于0.2适制名优绿茶，比值越大绿茶品质越好，贵州绿茶氨/酚比更是达到0.29。贵州绿茶高水浸出物、高氨基酸、高氨/酚比、低茶多酚（三高一低）决定了贵州绿茶茶汤的浓爽味。

28. 贵州高品质工夫红茶有哪些特征？

贵州为高海拔茶区，茶叶具有氨基酸高、多酚类低、水浸出物含量高的特点，因此，贵州高品质工夫红茶的品质特征为：香气具有甜香、花香、果香，滋味鲜甜、回甘，汤色橙黄、橙红。其品质特征为“嫩甜香、鲜爽味”。

①嫩甜香。既有嫩香，又有甜香，甜香浓郁持久。

②鲜爽味。滋味浓醇，甘甜鲜爽，鲜爽韵味明显。

29. 贵州抹茶的品质特征是什么？

贵州抹茶的品质特征：色鲜绿、覆盖香、清爽味的超微细粉。

①色鲜绿。干茶粉末青翠、鲜绿，点茶后浓鲜绿。

②覆盖香。茶树经遮阴覆盖后加工制作成的抹茶产品所特

有的鲜香细腻或有海苔香的特征香气。

③清爽味。滋味清新、醇甘鲜爽。

30. 贵州黑茶的品质特征是什么？

贵州黑茶品质特征：红黄汤、纯正香、醇和味，水浸出物≥23%，其中茯茶类的冠突散囊菌每克菌落数≥30×10^4。

①红黄汤。汤色红黄清澈。

②纯正香。香气纯正。

③醇和味。滋味醇和。

31. 为什么贵州夏秋茶还较显嫩？

贵州夏秋茶的嫩指：①持嫩性好，同等栽培茶树鲜叶质量条件下，因贵州夏秋季气温不高，空气温度较高，新梢展叶速度较慢。主要表现在水浸出物较多，不同嫩度产品检测的水浸出物数据均在38%～50%，以40%～46%为最多，高于国标5%～10%。②粗纤维含量低，当鲜叶生长至一芽三叶时，贵州茶叶依然较柔软显嫩，木质化速度较慢，粗纤维含量较低，不同嫩度产品检测的粗纤维含量数据均在6.2%～14.6%，以6.2%～12%为最多，粗纤维含量低于国标4%～9.8%，即嫩度高于国标4%～9.8%。

32. 为什么贵州茶香？

贵州茶香是指在同等栽培茶树鲜叶质量条件下，因受昼夜温差大，漫射光多、冷凉条件好等气候影响，贵州茶叶芳香物质含量普遍较高，香气普遍较好，常显“嫩香、高浓郁”。在计划经济时期，贵州的羊艾红碎茶被国际业界称为“羊艾风格”；

贵州珍眉绿茶被出口公司拼配时戏称起到“香精”作用。

33. 为什么贵州绿茶鲜浓醇？

2016年对141个贵州绿茶样进行了茶多酚和氨基酸的检测，检测结果表现，其游离氨基酸总量平均含量为5.61%，茶多酚平均含量为19.37%，酚氨比平均值为3.45。表现出受贵州特殊生态气候条件影响，贵州绿茶氨基酸含量普遍较高，香气滋味的鲜爽度普遍较好、醇而不涩、浓而不苦的一大特色。

三、茶园建设及管护

34. 新建茶园对土壤条件有哪些要求？

首先按茶树生长习性，选择自然肥力高、土层深厚、质地疏松、通气性良好、不积水、腐殖质含量高、养分丰富而平衡的平地或坡度不超过30°的荒坡地作为新茶园建设用地。

其次种植茶树之前，必须对土壤pH进行检测，无公害茶园要求土壤pH在4.0 ~ 6.0，有机茶园要求土壤pH在4.5 ~ 5.5。如果来不及检测土壤pH，可以观察周边是否有蕨类植物、马尾松、青杠树或映山红等植物生长。如有可以种植茶树，如果没有则应注意土壤pH是否适宜茶树生长范围。

再次，茶叶作为商品必须符合市场准入制度。种茶前应检测土壤重金属含量，要求每千克土壤中镉不能超过0.3毫克、汞不能超过0.3毫克、砷不能超过40毫克、铅不能超过200毫克、铬不能超过150毫克、铜不能超过150毫克。

35. 如何规划新植茶园道路网？

为方便茶园管理和物资与原料运输，按需要因地制宜设置不同规格的道路。茶园的道路分为干道、支道和步道，互相连接组成道路网。干道与支道是连接各生产区，制茶厂和场（园）外公路，以及茶园各区块间的主要道路，要求汽车和拖拉机能通行。一般路宽4.5米以上，路坡不要超过5°，转变处的曲率半径不小于15米，每2千米处设置能供两辆卡车相向行驶的较宽路面。步道是茶园地块和梯层间的人行道，宽2 ~ 3米。实行机耕的茶园要留出地头道，以便于耕作机械掉头。茶园道路的设置，要便于园地的管理和运输畅通，尽量缩短路程、减少弯路和少占用地，道路以控制在占场地总面积的5%左右较为适宜，尽可能做到路、沟相结合。在茶园开垦之前要划出支道、步道的位置，然后边开垦、边筑路。

36. 如何种植茶园防护林？

在茶园种植防护林能保持水土、改善小区气候，冬季时可以减轻大风和严寒对茶树的伤害，夏季时可以增加空气湿度、减少水分的蒸发，对茶树生长有利，可以提高茶叶的产量和质量。

防护林一般种植在茶园周围、路旁、沟边、陡坡、山顶及山谷岙口迎风的地方。防护林的树种应与高干树和矮干树相搭配，选择能适应当地气候条件、生长较快、具一定经济价值的树木。一般选择松树、油茶、杉树、香樟树和女贞等作为防护林木，同时，在茶园附近的防风林处种植一些藤蔓植物，以更好地防止风对茶树的伤害。夏季日照强烈，经常发生伏旱的地区，还应适当栽种一些遮阴树在茶园梯坎和人行步道上。每亩种植不能超过10株，不能把遮阴树种在茶行中间，树冠应高出地面2.5米以上，以免妨碍茶树的生长。

37. 新植茶园如何开垦？

为了加强茶园的水土保持，在开垦建立茶园时，坡度在小于10°的坡地茶园按一定行距进行等高种植；坡度大于10°，可沿等高线对园地非梯化垦植。

开垦前先将荒地内的灌木、荆棘、杂草、乱石等障碍物清除，柴草晒干后堆积起来，运出园外，烧成火土灰供作肥料。分散在园地里较大的成龄树木，尽量保留作防护林或遮阴树。

在新开垦的荒地上种植茶树之前必须进行深耕，以改善土壤结构、提高通气透水性能、促进土壤熟化，为茶树根系的生长创造有利条件。未开垦的荒地一般要进行两次深耕，第一次初垦，要求彻底深挖50厘米以上，并将土层内的树根、竹根、茅草根和石块等清除干净。初垦时翻起的土块不需要打碎，以利风化。在种植前，需要再一次进行复垦，要求挖深20～30厘米，并将土块打碎、整细耙平。

新开垦的荒地，有机质缺乏，在种植茶树前，最好先种一次豆科绿肥，使土壤熟化，培养地力。

38. 新建茶园怎样开垦种植沟？

园地经开垦整理形成茶行后，沿茶行开种植沟，宽0.5米，深0.5米（图3-1）。

在种植沟内施入底肥，每亩施有机肥1 000千克以上，磷肥50～100千克。施肥后沿种植沟壁挖土覆土，覆土深度不低于5厘米，并将其平整，盖土离地面0.15～0.20米，并在沟内种

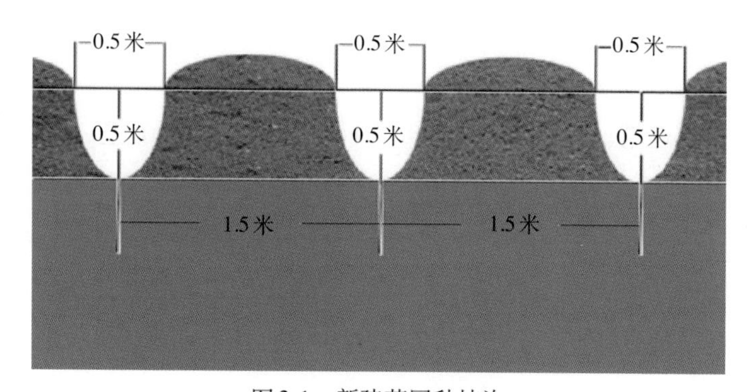

图3-1　新建茶园种植沟

（图片来源：贵州省现代茶产业技术体系资源与育种功能室）

植茶苗（图3-2）。

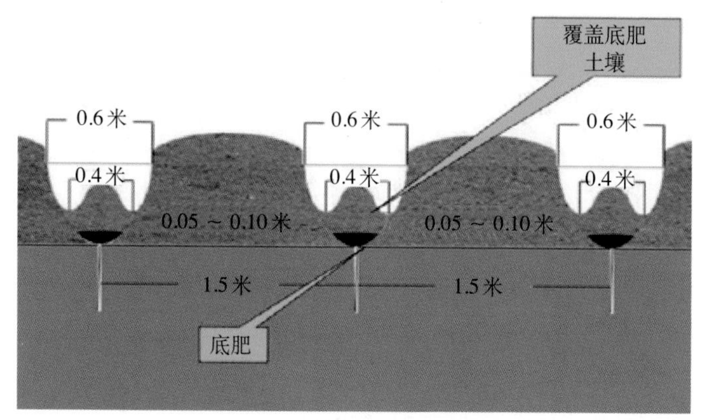

图3-2 在种植沟内施底肥

（图片来源：贵州省现代茶产业技术体系资源与育种功能室）

采用双行条植法进行定植（图3-3）。栽植深度8 ~ 15厘米，定植密度如下：

①中小叶种。大行距1.50米，小行距0.40 ~ 0.45米，丛距0.30 ~ 0.35米，每丛种植茶苗1 ~ 2株，每亩用茶苗3 500 ~

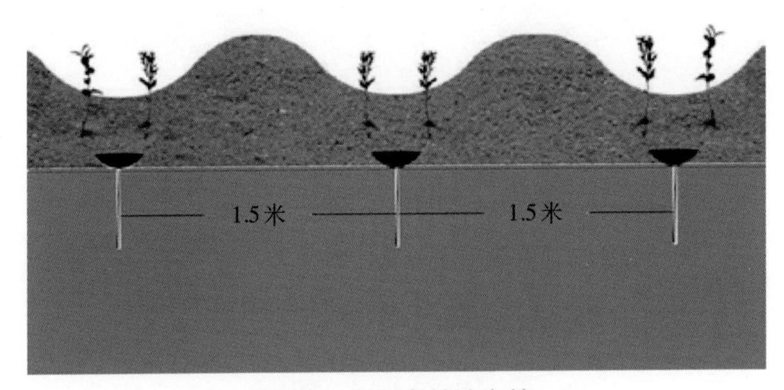

图3-3　双行条植法定植

（图片来源：贵州省现代茶产业技术体系资源与育种功能室）

4 000株。

②大叶种。大行距1.70米，小行距0.45 ～ 0.50米，丛距0.35 ～ 0.40米，每丛种植茶苗1株，每亩用茶苗2 800 ～ 3 200株。

在种植茶树时，茶苗根系千万不要接触肥料，以免烧根。种植的每一茶行长度不得超过60米，以免造成今后农事劳动的不便。

39. 开沟种植有哪些优点？

贵州地貌属于中国西部高原山地，境内地势西高东低，自中部向北、东、南三面倾斜，平均海拔在1 100米左右。全省92.5%的地貌为山地和丘陵，属岩溶地貌发育非常典型的喀斯特地貌，造成境内地下水位较低，且大部分茶区雨量较低，部分茶区（特别是西部）降水量不足800毫米，降水流失严重。开种植沟是为将茶苗种深一点，降水时雨水自然向沟心渗流，滋润茶苗根系。同时，在今后不断的耕作培土中，茶树会形成二重根系以提高其抵御自然干旱的能力（图3-4）。

图3-4　茶树形成二重根系

（图片来源：贵州省现代茶产业技术体系资源与育种功能室）

40. 什么样的茶树品种才能称为无性系良种？

根据《茶树种苗》（GB 11767—2003）国家强制性标准规定，以茶树单株营养体为材料，采用无性繁殖法繁殖的品种（品系）称为无性系品种（品系），简称无性系。作为良种，要求其植物学特征特性应有特异性、一致性和稳定性，且生长较快、产量较高、品质较好、遗传性状稳定，并适应一定区域大面积推广应用的植物种。在贵州，有很多经自然选择和长期人工栽培保存下来的地方品种，具有一定区域的适应性，但这些品种未经严格育种程序培育或繁殖，不能称为无性系良种。这样的品种具有较强的区域适应性，但芽叶大小、芽叶色泽、春茶萌芽期均不一致，导致鲜叶采摘效益低下、产量不稳定、机械化加工参数无法统一，给茶叶生产带来诸多不便，不应该随意繁殖及大面积推广。

41. 为什么要选用无性系茶树良种?

优良的品种，通常都具有增加产量、提高品质、增强抗逆性、提高劳动生产率、调节茶季劳动力、充分发挥制茶设备效能等方面的作用。与种子繁殖的茶树品种相比，无性系茶树良种具有以下优点：

（1）高产。在环境条件和管理水平相对一致的情况下，优良的茶树品种比一般品种能增产10%～30%，有的增产幅度更大。如黔湄809无性系良种，在湄潭5～7龄茶园平均亩产干茶260千克，比福鼎大白茶品种增产50.5%。高标准种植的黔湄601品种，每亩可产鲜芽茶300千克左右，产值可达近万元。

（2）优质。虽然茶叶品质与栽培管理水平、采摘加工技术等因素有关，但形成茶叶色、香、味、形品质的主要物质基础，则是由芽叶内部的生物化学特性和外部形态特征所决定，品种不同常表现出很大的差异。如黔湄419制红碎茶可达到国家出口二套样水平，福鼎大白茶制绿茶内质香气清高、栗香显、滋味鲜醇。品种芽叶的形状、大小、颜色、节间长短、茸毛多少、叶片厚薄等外部形态的差异，也在不同程度和不同方面影响茶叶的外形和内质。部分名优茶生产还要求特定的优良茶树品种，如都匀毛尖需要芽叶较纤细多毫的茶树品种，优质西湖龙井茶需要龙井43号品种；

（3）低耗。无性系茶树良种的新梢生长旺盛而整齐、芽叶粗壮、密度大、采茶工效高并适合机械化作业的特点，可降低生产成本。

（4）高效。由于无性系茶树良种产量高、品质优，生产成本降低，所以其经济效益也十分显著。

42. 如何选择茶树良种？

贵州大部分茶区是原农业部规划的长江中上游高品质绿茶优生区，也是贵州省打造高品质绿茶的原料基地，要求品种必须适宜生产绿茶，适度种植红茶品种。

茶树品种选择依据：根据新建园区气候条件，选出适宜该区域种植的茶树良种。结合企业产品定位及品种的茶类适制性，筛选符合条件的茶树良种（表3-1）。

表3-1　适宜贵州种植的优良茶树品种

品种	繁殖方式	芽叶性状	产量表现	萌芽期	适制茶类	适宜茶区
福鼎大白茶	无性系	中叶类，芽叶黄绿色，茸毛特多	一般	早生	绿茶、白茶	耐寒、耐旱能力强，适宜贵州各茶区种植
中茶108	无性系	中叶类，芽叶黄绿，茸毛中等	较高	特早生	绿茶	耐寒力较强，适宜贵州各茶区种植
中茶102	无性系	中叶类，芽叶黄绿，茸毛中等	较高	早生	绿茶	耐寒力较强，适宜贵州各茶区种植
舒茶早	无性系	中叶类，芽叶淡绿，茸毛中等	较高	早生	绿茶	耐寒力强，适宜贵州各茶区种植
白毫早	无性系	中叶类，芽叶淡绿，茸毛多	高	早生	绿茶	耐寒性、抗病虫性强，适应贵州各茶区种植
龙井43	无性系	中叶类，芽叶黄绿，茸毛少	较高	特早生	绿茶	抗寒性较强，耐旱性较差，易感炭疽病，建议低海拔茶区适度种植
黔茶1号	无性系	中叶类，芽叶黄绿，茸毛中等	高	早生	绿茶、红茶	耐寒、耐旱能力强，适宜贵州各茶区种植
黔茶8号	无性系	中叶类，芽叶黄绿，茸毛多	一般	早生	绿茶	耐寒、耐旱能力强，适宜贵州各茶区种植

（续）

品种	繁殖方式	芽叶性状	产量表现	萌芽期	适制茶类	适宜茶区
黔湄419	无性系	大叶类，芽叶淡绿，茸毛多	高	晚生	红茶	耐寒性较弱，抗虫较强，适应在800米以下茶区种植
黔湄601	无性系	大叶类，芽叶淡绿，茸毛特多	极高	中生	红茶、绿茶	耐寒性较弱，抗虫较强，适应在800米以下茶区种植
茗科1号（金观音）	无性系	中叶类，芽叶紫红色，茸毛少	较高	早生	乌龙茶、红茶	耐寒性强，适宜贵州各茶区种植
茗科2号（黄观音）	无性系	中叶类，芽叶黄绿带紫，茸毛少	较高	早生	乌龙茶、红茶	耐寒性强，适宜贵州各茶区种植
金牡丹	无性系	中叶类，芽叶紫绿色，茸毛少	一般	早生	乌龙茶、红茶	耐寒性强，适宜贵州各茶区种植
梅占	无性系	中叶类，芽叶紫绿色，茸毛少	一般	中生	乌龙茶、红茶	耐寒性强，适宜贵州各茶区种植
白叶1号	无性系	中叶类，芽叶玉白色，茸毛少	低	中生	绿茶	耐寒性较强，适宜在贵州1 000米以下或热量高的茶区种植
黄金芽	无性系	中叶类，芽叶黄色，茸毛少	低	中生	绿茶	耐寒性较强，适宜在贵州1 000米以下或光照丰富的茶区种植

43. 如何进行品种搭配？

茶树品种搭配原则如下：

（1）品种发芽期。按早、中、晚生品种6∶3∶1的比例进行配置。可延长产茶时间、错开采摘高峰，还有利于合理调配劳动力用工及有效配置加工设备。要求选用芽叶色泽一致或相近，且百芽重也相近的品种进行搭配。

（2）品种特性。绿茶产区选用氨基酸含量相对较高的茶树良种合理搭配，红茶产区选用茶多酚和咖啡因含量相对较高的茶树良种合理搭配。

（3）品种抗性。以当地多发茶树病虫害和气候条件为考量，选择抗性强的良种，避免某一虫害或病害的大规模暴发，同时防止和降低极端气候条件下的损失。

44. 如何种植茶树？

（1）种植技术。打窝、放苗、扶苗、覆厚土、踏实、浇水、再覆土。移栽适期为茶苗地上部休眠期，此时进行移栽成活率较高，或根据气候特点，避免在干旱和严寒时进行。贵州在秋冬季或早春（11月至翌年3月）都可以种茶。在开好的种植沟内依据种植方式打出种植窝，深度为10 ~ 15厘米。如果每窝栽两株，茶苗强弱必须一致放置于种植窝中。栽种时一手扶正茶苗，一手填土。在填土至不露须根时，用手轻提茶苗，使根系自然舒展，再覆厚土踏实，厚度不低于8厘米，随即浇足“定根水”。

（2）种植要点。

①茶苗应尽量带土移栽，以减少伤根。

②远距离采购的苗木尽量打黄泥浆种植。

③移栽时土壤要踏实，浇足定根水，再覆土。

④移栽后及时定剪，留苗高10 ~ 15厘米（留叶片3 ~ 4叶），提高幼苗成活率。

45. 如何做好茶苗移栽前消毒及移栽后病虫草害预防？

在适合茶苗移栽的季节，为了有效提高茶苗的成活率，减轻根部病害、地下虫害及根结线虫病等病虫害的发生危害，建议广大茶农在移栽前做好茶苗消毒处理，加强移栽病虫草害管理。

（1）茶苗消毒，带药移栽，事半功倍。

①防治地下害虫和根部病害。在茶苗移栽前，按瑞苗清（30%甲霜·噁霉灵水剂）1 800倍液+10%高效氯氟氰菊酯水剂1 000倍液+碧护（0.136%赤·吲乙·芸薹可湿性粉剂）7 500倍液+安融乐助剂5 000倍液，用大塑料盆配制消毒药液，将茶苗根部浸泡于消毒药液5 ～ 10分钟后即可移栽。

②防治茶苗根结线虫病。在移栽前，仔细检查茶苗根系有无颗粒状根结，若有，可采用路富达（41.7%氟吡菌酰胺悬浮剂）5 000 ～ 8 000倍液，用大塑料盆配制消毒药液，将茶苗根部浸泡于消毒药液30分钟后即可移栽。

应注意，浸根时，工人需佩戴口罩和手套。

（2）茶苗移栽后对病虫草害的预防。

①免疫诱抗。定植后的茶苗容易遭受旱害和冻害，可以选择晴好天气，实施免疫诱抗，使用碧护（0.136%赤·吲乙·芸薹可湿性粉剂）7 500倍液或施芳（含氨基酸水溶肥）600倍液或海岛素（5%氨基寡糖素水剂）1 000倍液进行叶面喷雾，提高茶苗的抗逆能力，促进茶苗健康成长。

②及时防治病虫害。结合免疫诱抗技术，针对定植茶苗所发生的病虫害，可选用80亿孢子/毫升的金龟子绿僵菌CQMa421可分散油悬浮剂600倍液进行叶面喷雾防治小绿叶蝉，或用绿颖（99%矿物油）200倍液进行叶面喷雾防治害螨、黑翅粉虱等害虫，或用3%多抗霉素可湿性粉剂600倍液进行叶面喷雾防治叶部真菌性病害。还可将上述药剂现时混配即用，同时控制各种病虫害。针对根结线虫病发生严重的茶苗，在茶苗消毒的基础上，结合浇灌定根水，用路富达（41.7%氟吡菌酰胺悬浮剂）15 000倍液灌根，药液量为1 000毫升/窝。

③人工清除杂草。新种植茶园树冠小，若遇多雨季节杂草

生长较快，应尽快人工拔出，避免杂草长大后再拔造成土壤松动损伤茶苗根系。在夏秋高温干旱的季节，幼龄茶园的杂草应在开花结果前再拔除，可以起到遮阴保水的作用。

④间作绿肥，控制草害。在3月底至4月底，在新建茶园除草后，套种红三叶草或白三叶草等豆科绿肥，播种前应平整地面、耙碎土块，使土层疏松透气；用碧护（0.136%赤·吲乙·芸薹可湿性粉剂）2克，兑水20毫升混匀，拌白三叶草或红三叶草种子100克，摊开阴干后，用细土、黄沙或基质土搅拌混匀，进行撒播，提高出苗整齐度和出苗率；播种量按每亩2 000 ~ 3 000克播种；播种深度1 ~ 2厘米，播种后，可用细土或基质土覆盖1厘米。

46. 幼龄茶树管理技术要点有哪些？

幼龄茶树生长幼弱，根系浅，耐旱耐寒力差，容易遭受旱害和冻害。重点应做好以下几项技术环节：

（1）抗旱保苗。在旱热季节到来之前，对茶园进行铺草覆盖，降低土壤水分的蒸发，以避免茶苗受旱。覆盖物可就地取材，麦秆、山菁和稻草等均可，覆盖在茶树两侧各30厘米左右，10厘米厚，上压碎土。

（2）补苗间苗。新建茶园在建园后1 ~ 2年内将缺苗补齐，要选择生长一致的同龄壮苗进行补苗，每穴补植两株。补植后浇透水，在干旱季节还要注意保苗。

（3）防止冻害。在低温条件下，茶树幼苗易遭受冻害，应采取茶苗防冻措施。增施基肥，培土壅根，铺草覆盖，茶园灌水和提早耕锄等对防治冻害都有很好效果。幼年茶树冠面枝叶冻伤时，应在开春气温稳定后将冻害受伤部分剪去，严重的如造成整株叶片发红（或青枯），枝条干枯时，还要分别采取台刈或重修剪等方法挽救，使其重新恢复生机。

47. 如何进行茶树定型修剪？

定型修剪是为了促进幼龄茶树侧芽的萌发，增加有效的分枝层次和数量，培养主干枝，以形成宽阔粗壮的骨架。定型修剪一般要进行3次，每次的高度和方法也不同。

（1）第一次定型修剪。在一年生茶苗种植后，有75%～80%生长到25厘米以上时，在离地面15～20厘米处，留3～4片健壮叶片，剪去上部枝梢。如果高度不够标准，可推迟到翌年5月，待苗高达到标准时进行。今后茶苗分枝的多少和生长的强弱与第一次定型修剪的高度有密切关系。

（2）第二次定型修剪。一般在第一次定型修剪一年后进行。修剪的高度在第一次剪口上提高15～20厘米。如果茶苗生长旺盛，只要苗高已达修剪标准，就可以提前进行第二次定型修剪。这次修剪可用篱剪按修剪高度标准剪平，然后用整枝剪修去过长的桩头，还要注意保留外侧的腋芽，便于树枝向外伸展。

（3）第三次定型修剪。在上一次定型修剪一年后进行。如果茶苗生长旺盛同样也可提前。这次修剪的高度在上次剪口上提高10～15厘米，用篱剪将蓬面剪平即可。

48. 如何把好成龄茶园轻修剪和深修剪标准？

轻修剪和深修剪是保持茶树生长旺盛、提高成龄茶园产量的必要措施。确保蓬面有效叶层厚度是进行茶园轻修剪和深修剪的关键。不管是轻修剪或是深修剪，都必须因势而为。只要茶园蓬面无鸡爪枝，可视蓬面叶层厚度进行适度的轻修剪或深修剪。修剪标准为保证蓬面15～20厘米的有效层厚度，叶层太薄或太厚都会影响茶园产量。太薄则会影响茶树光合作用，太厚则会消耗大量养分。

一般春茶结束，夏前修剪按15厘米的厚度留叶层；冬季需要修剪的茶园，应保证叶层厚度在20厘米左右。

49. 培育什么样的树冠蓬面有利于提高茶园产量？

茶园树冠形状有水平形、屋脊形、弧形等。根据对树冠不同形态的研究比较表明，同一茶树品种，水平形树冠能较强地抑制顶端生长优势，促使侧枝横向发展，因而树高相对较低，树幅最宽；屋脊形树冠顺树势修剪，顶端优势明显，茶树高最高而树幅最小；弧形树冠对顶端优势的抑制最轻，树冠与树幅介于水平形与屋脊形树冠之间。这3种树冠在单位面积内育芽能力上差异不大，而芽重的差异大于芽数。在芽的分布上，尽管树冠中心部位发芽密度最高，约占芽总数的60%，且发芽密度由中心向边缘逐渐降低，但水平形树冠中芽的分布较其他两种形态均匀。屋脊形树冠对光能的利用较差，不提倡茶树进行屋脊形修剪；为了提高光能利用和机械化采摘，培育弧形和水平形树冠较好。

对于多数茶园来说，特别是发芽密度大的灌木型中小叶类茶树品种以浅弧形和水平形为好，这种形状的茶树树冠采摘面大、新梢数量多、产量较高；但对于乔木和小乔木型大叶类茶树品种、发芽密度小、生长强度大的茶树以水平形为好。

50. 如何确定茶园施肥用量？

原则上茶树施肥至少要满足以下两个条件：

①提供茶树所有必需的营养元素；

②优先解决限制茶树产量和品质提高的最小养分。

茶树幼嫩芽叶含氮为4.5%，即每采收100千克干茶约从树体上带走4.5千克纯氮。这部分被采收的茶叶量仅占了整个树体年生长总生物量的20%。每生产100千克干茶，有400千克的树体，包括老叶老枝生长、脱落、新叶新枝的留养、根系的生长与增粗、开花、结果等生物量的产生。这部分生物量平均含氮量约为2%，400千克的生物量耗氮约为8千克。两部分相加合12.5千克（不考虑土壤的固定、流失、挥发等因素），每生产100千克干茶得补充纯氮12.5千克（1千克纯氮生产8千克干茶推算施肥量）。以尿素（含纯氮46%左右）为例，每亩产100千克干茶，需要投入尿素27千克的尿素，依此类推。

作为绿茶产区的成龄采叶园，应选用氮、磷、钾施用比例在3 ∶ 1 ∶ 1或4 ∶ 1 ∶ 1的商品有机肥；红茶产区应选用氮、磷、钾施用比例在2 ∶ 1 ∶ 1或3 ∶ 1 ∶ 1的商品有机肥。

51. 如何进行基肥施用？

一般而言，对生产茶园，基肥中氮肥的用量占全年用量的30% ~ 40%，而磷肥和微量元素肥料可全部作基肥施用，钾、镁肥等在用量不大时可作为基肥一次性施用，用量大时一部分作基肥，一部分作追肥。

施肥一般采用开沟施肥的方式，沟深不超过20厘米。

施用量一般每亩施饼肥或商品有机肥200 ~ 400千克，或农家有机肥1 000 ~ 2 000千克，或茶叶专用肥200 ~ 250千克，根据土壤条件配合施用过磷酸钙25千克、硫酸钾15千克。

贵州茶区茶园基肥施用时期一般在10月底至11月上中旬。生产上推荐的基肥用量为：采叶壮龄茶园施堆肥1 500千克、饼肥150千克、过磷酸钙25千克、硫酸钾15千克；幼龄茶园的磷、钾肥施用量与采叶壮龄茶园一样，堆肥与饼肥减半。

52. 凝冻对茶树的影响与如何防范？

近年来，冬季茶园遭受凝冻的情况时有发生，但真正对茶树造成严重伤害的情况并不多见。一般中小叶种类茶树抵抗自然天气的最低温度为-6℃，个别茶树能抵抗-10℃的低温。凡冬季负积温总值超过-100℃，极端最低温低于-10℃，日平均气温低于0℃的最长连续天数大于14天，冬季茶树就容易发生冻害。

预防措施：

①引种和选育时，选用茶树抗寒良种，提高茶树自身抗御低温的能力是防止茶树冻害的根本途径。在新建茶园时，尤其是在高纬度、高海拔地区种茶时应采用抗寒能力强的品种。

②发展新茶园时，首先要选择避风向阳的地形先行发展，在开辟新茶园时，有意识保留部分原有林木、种植行道树、营造防护林是一项永久性的防护措施。

③茶树凝冻早发现。察看茶树叶片和蓬面上部枝梢，是否有被开水烫伤的现象，用手轻捏枝干，树皮是否会脱落，如果没有这些现象，说明未受冻或受冻程度小。建议在茶园周边建防风林带，以避开风口。如果没有防风林带，要注意风口处茶树受冻，可在风口下方燃放稻草等制烟，以减轻凝冻天气下的冻害和风害。

53. 茶树冻害的评价标准是什么？如何补救？

茶树冻害一般分为5级。

1级：树冠枝梢或叶片周缘受冻后呈黄褐色或红色，略有损伤，受害植株占20%以下。这类受冻茶园一般不需要进行修剪。

2级：树冠枝梢大部分遭受冻害，成叶受害变成赭色，顶芽和上部腋芽变成暗褐色，受害植株占20%～50%。这类受冻茶园待气温回升稳定后视受冻情况，按照“照顾多数、同园一致、宁浅勿深”的原则，及时进行适度的轻修剪或深修剪并配施适量的追肥。

3级：秋梢受冻变色，出现干枯现象，部分叶片呈水渍状、色淡绿、失去光泽，天气放晴后，叶片卷缩干枯、相继脱落。上部枝梢逐渐向下枯死，受害植株占51%～75%。这类受冻茶园待气温回升稳定后视受冻情况需要及时进行适度的深修剪或重修剪，并重施追肥。

4级：当年新梢全部受冻、失水干枯，生产枝基部冻裂，受害植株占76%～90%。这类受冻茶园待气温回升稳定后视受冻情况需要及时进行适度的重修剪或台刈，后重施基肥。

5级：骨干枝冻裂、形成层遭受破坏、树液外流，叶片全部受冻脱落，根系变黑，裂皮、腐烂，被害植株达90%以上。这类受冻茶园则需要进行改植。

54. 什么样的原料有利于加工优质绿茶？

茶树上采摘的芽叶，其化学成分的组成虽然因品种、气候、栽培条件等不同有一定差异，但从总体而言，由于茶树同属于山茶科的一个种，其鲜叶化学成分的组成有其共同的特点，其干物质与水分之比约为1 ： 3，干物质中含有大量的茶多酚，约占干物质的1/3；同时，芽叶中还含有多种氨基酸、咖啡因及维生素C等。这些物质是由茶树物质代谢的遗传特性所决定的。

鲜叶新梢不同叶位主要化学成分含量表明，茶叶的有效成分和水浸出物由新梢顶芽到下部逐渐降低，近顶芽的一芽一至二叶所含有效成分比新梢下部的叶片为多，采摘这样的鲜叶能加工出香气清香持久、纯正，汤色清澈明亮，滋味醇而爽口的优质绿茶产品。

55. 茶叶手工采摘方式有哪几种？

根据树势和采摘程度，手工采摘可分为打顶采摘法、留真叶采摘法和留鱼叶采摘法3种。

①打顶采摘法。等新梢展叶5 ~ 6片叶子或新梢即将停止生长时，摘去一芽二、三叶，留下基部鱼叶及三、四片以上真叶，一般每轮新梢采摘一、二次。采摘要领是采高养低，采顶留侧，以促进分枝，培养树冠，这是一种以养树为主的采摘方法，常对幼龄茶园、重修剪或台刈后茶园采用。

②留真叶采摘法。也称为留大叶采摘法，是当新梢长一芽三、四叶或一芽四、五叶时，采去一芽二、三叶，留下基部鱼叶和一、二片真叶。这是一种既要采摘、也注意养树、采养结合的采摘方法。

③留鱼叶采摘法。当新梢长到一芽一、二叶或一芽二、三叶时，采下一芽一、二叶或一芽二、三叶，只把鱼叶留在树上，这是一种以采为主的采摘法。春茶采摘名优茶时常采用此法，以提高产量。

56. 如何提高手工采茶效率？

双手采茶是茶叶采摘上的一项革命措施，是提高手工采茶效率的好方法。其特点是“双手并用”，改单手采为双手采，改坐采为立采，改一扫光采为分批采、多次采，从而可成倍地提高采茶效率，使采茶达到及时采、分批采、标准采。双手采茶方法简单有效，效率高、下树好，收入多。在茶区，特别是新茶区，一定要向采茶工进行双手采茶方法的培训，培训采茶工在熟悉茶青规格的基础上，做到眼准手稳，双手采摘，多培训、反复讲、重复做，才能推广普及。

(1) 勤学苦练，熟练左手。

①单手采一般是左手拉枝条，右手采；而双手采要求左右手并采，所以开始时左手采会不习惯。

②初练时不要贪多图快，而是要求动作准确，质量合格。先要一个芽头一个芽头地采，等指法熟练以后，再学习右手的一次采2～3个茶芽的方法。

③初练双手采时，效率是不高的，有时可能还比单手采的少，因为左右两手齐动，不免顾此失彼，不协调。但一般练习1周以后，左手就可以和右手一样灵活了，双手并采也逐渐协调了。

(2) 看好茶棵，顺序采摘。

①一到茶山，首先看一下身边的一片茶棵，哪几棵该采，哪几棵该留，心中有个大概。然后根据茶芽萌发情况，立即开采。

②采摘顺序是，由下到上，由外到里，再由里到外。即从靠身边的一面开始采到茶棵中间，再由中间采到对面。依顺手方向围茶棵转动，身体要靠近茶棵，这样才能看得清、采得快、采得净。

(3) 眼快，手快，脚快，心静。三快一静是快速采茶的关键，它可以使采茶动作保持均衡一致、有条不紊。

①眼快。目力集中，正确地指挥两手，采第一个芽叶时要看好下一个要采的茶芽。

②手快。眼睛看到哪里，手就采到哪里。

③脚快。脚要随手移，以便采得顺手。采茶不要带凳，站着采，以便于迅速移动，不浪费时间。

④心静。采茶时要集中精力、专心一致，以免分散注意力少采茶叶。

(4) 两手交错，八指并用。

①两手交错采茶，就是当一只手采茶时，另一只手扶住另

一个茶芽，交错地进行采摘。但双手不要距离太远，没有养成采摘面的茶树，双手最好在一根枝条上采摘。

②通常情况下是拇指和食指夹茶，中指和无名指带茶，当摘到半把时，就用食指钩住茶芽并用中指夹住摘下，随即用拇指将茶芽捺入掌心。摘满一把，即可投入茶篮，左手采左边放，右手采右边放。操作时哪两个手指方便，就用哪两个手指。

（5）双手分批两结合。

①在推行双手采的时候，要贯彻分批采的技术，根据采摘标准和茶芽萌发情况，做到先发先采、后发后采，不应为追求采量而一把抓、一扫光。

扫二维码
看双手采茶视频

②同时要做到留鱼叶、打顶苗、留肚苗，以保证采量跃增。

57. 适合机械化采摘的茶园树冠形状有哪些？各有什么优势？

采茶机可分为弧形与平形两种，茶园树冠形状也只能是弧形和平形两种才能适合机械化采摘。

就芽叶长势看，弧形树冠面的中间与边侧各部位的新梢长势一致，形态容易维持，每年春季修剪量较小。平形树冠中央部位新梢稀而壮，长势较两侧强，每年的生长均表现出向弧形演变的趋势，因此，每年的修剪量较大。就树幅而言，弧形树冠每年可增宽5厘米左右，而平形树冠增幅较快，每年可增加24厘米左右。对于未封行的茶树来说，平形树冠有利于茶树覆盖度的增加；对于封行的茶树来说，平形树冠无疑将增加行间的修剪量。就叶层分布来说，弧形树冠叶层分布优于平形树冠，弧形树冠各部位的叶层分布较均匀，平形树冠叶层分布呈两侧多、中央少的不均衡状态。就产量而言，发芽密度大的中小叶茶树品种，弧形树冠比平形树冠产量要高。

58. 怎样培养机械化采摘茶园树冠？

对于机械化采摘茶园树冠培养应做到“先平后弧”，即先采用平剪机剪采，促进茶树侧枝生长，提早封行，尽快形成蓬面，然后用弧形修剪机剪采，培养弧形树冠蓬面。

机械化采摘茶园在幼龄期应严格按定型修剪要求进行系统修剪。在幼龄茶园未封行前或成龄茶园更新后采用平形修剪方式，以提早成园。因弧形树冠容易维持规格化的形状，叶层与新梢分布均匀，对封行的成龄茶园采用弧形修剪培养机械化采摘蓬面，以提高产量。

59. 怎样对机械化采摘茶园进行培肥管理？

机采茶园全年采摘批次少，采摘强度大，树体损伤大，对肥料的投入比手工采摘茶园要高。既要考虑平衡供给，又要考虑集中用肥。

机采茶园施肥的原则是重施有机肥、增施氮肥、配施磷、钾肥。根据上年度鲜叶产量，每采摘100千克鲜叶施纯氮4千克以上，并适度配施磷、钾肥，全年施用1次基肥3次追肥。

60. 什么是有机茶？

大多数生产者认为不打农药、不施化肥、不含农残、没有污染的茶区生产的茶叶就是有机茶。这种想法是不正确的，有机茶主要强调生态、环保和食品安全性，是不同概念、不同层次、不同认证体系下所认证的产品。有机茶的“有机”并非化学意义上的“有机”，而是遵循可持续发展原则，进行全程质量控制，特别强调获得产品的过程而不仅仅是产品本身。从生态角度来讲，发展有机茶绝不能一味追求最佳经济效益，也不能因打造有机茶而什么肥料都不施用，仅用常规传统农业措施，势必导致茶农和企业减产减收。

四、茶园病虫草害防治

61. 为什么要开展茶园病虫草害防治？

茶树在生长过程中，特别是集中连片种植后，在外界气候等因素影响下，难免会受到自然界有害生物（病虫草）的威胁。比如：茶园刺吸式口器害虫（茶小绿叶蝉、蓟马等）吸取茶树嫩梢汁液，消耗养分与水分，使茶芽生长受阻、生长停滞硬化，甚至脱落，受害的芽叶制茶易碎、味涩、品质差。咀嚼式口器害虫（茶毛虫、茶尺蠖等）暴食茶树叶片，严重时茶树叶片取食殆尽；茶树病害（白星病、茶饼病等）严重影响茶叶产品品质和口感；茶园杂草与茶树争水、争肥、争空间、争光照，影响茶树生长。

茶园病虫草害的发生，严重影响了茶树的长势，造成茶叶产量损失，产品品质下降。因此，茶园管护过程中，病虫草害防控是茶叶提质增效、稳产增收的一项非常重要的保障措施。

62. 如何进行科学用药？

（1）根据防治对象和农药性能，对症下药。当一种防治对象有多种农药可供选择时，应选择高效、安全、经济的品种，茶园中严禁使用高毒、高残留的农药。

（2）根据病虫防治指标和茶树生长状况适期施药。应用防治指标指导施药，可减少茶园施药的盲目性，克服“见虫就治”的偏见，降低农药用量；同时，选择害虫对农药最敏感的发育阶段适期施药，在采摘期内还应考虑茶叶的安全间隔期。

（3）掌握有效用药量，适量施药。严格按照农药的有效剂量（或有效浓度）施药，不得任意提高或降低。提高农药用量在短期内虽有良好药效，但往往会加速害虫抗药性的产生，使防治效果逐渐下降。

（4）按照施药目标和农药特性，采用适当的施药方法。针对病虫危害方式、发生部位及农药的特性，采用适宜的施药方法也是十分重要的。

（5）大力推广应用微生物源农药（如茶毛虫病毒制剂、茶尺蠖病毒制剂、黑刺粉虱真菌制剂、苏云金杆菌、白僵菌等）、植物源农药（苦参碱、鱼藤酮等）和矿物源农药（矿物油、石硫合剂等）。

63. 如何提高农药的使用效率？

（1）准确配制农药。在配制液剂的时候，首先要注意水的质量。选择来自江、河、湖、溪和水池的清洁水，严格把握加水倍数，重视加水方法。严格控制农药的有效浓度。对于微生物农药，菌液配制后应在2小时内将溶液用完，避免孢子过早萌发和侵染能力丧失。为了保证药效，应比其他杀虫剂提前2～3天使用。

（2）选用合理施药方法。控制农药喷剂的大小。采用低容量或超低容量喷雾提高防治效果、节省农药用量、降低生产成本。

（3）掌握适时用药的关键时期。根据病虫害的不同种类选择适当的农药，并根据“防治指标”，在病虫最敏感的发育阶段使用。

64. 如何控制茶叶农药残留？

农药残留的控制是一项综合技术措施，主要应包括以下几方面内容：

①合理使用农药。根据农药的性质和病虫害发生情况，合理使用农药，以最小的用量达到最大的防治效果，不仅可以经济用药，还可以减少对环境的污染。这需要从对症施药、严格掌握施药量、提高药物效果、合理调配农药、合理混用农药等几方面入手。

②安全使用农药。制订茶叶中农药的最大残留允许量，制订安全间隔期，禁止使用高残留农药、制订安全使用标准，提高科学用药水平。

③采用防毒措施。完善种植制度，增强农业防治和生物防治等措施，对茶园病虫害实施综合治理，减少农药的污染。

④开发环境友好型农药。从生产源头开始，大力提倡使用生物农药（包括植物源、微生物源和矿物源农药），在控制病虫害的同时，减少对茶叶及其园区生态环境的污染。

⑤加强农业防治，开展生物防治，配套物理防治和协调化学防治，实施茶园病虫害、杂草的综合治理。

65. 什么是绿色防控？

绿色防控是指采取生态调控、生物防治、理化诱控和科学用药等技术和方法，将病虫害危害损失降到最低限度，并实现农产品质量安全的植物保护理念。用绿色防控替代化学防治，可有效减少农药残留，保障农产品质量安全和生态环境安全。

绿色防控与统防统治融合，是指绿色防控技术措施与统防统治组织方式有机结合，即统一技术、统一物资、统一防控、集中示范，带动大面积推广应用，从而达到农药减量增效的目的。

66. 贵州在茶叶质量安全保障上，出台了哪些管理措施？

长期以来，贵州茶产业始终将质量安全建设放在首位，出台了一系列管理措施和技术指导性文件。

在种植上，贵州一直倡导“林中有茶，茶中有林”的茶园种植模式，一方面改善茶园的生态条件，利于茶树生长，另一方面增加了茶园生物多样性，减少病虫害发生。2014年，印发了《新建茶园标准化建设技术要点》《贵州省茶园间作树木及技术要点》《贵州茶树倒春寒预防及补救措施》等指导性文件。近年来，大力开展茶树病虫害绿色防控，每年实施茶园病虫害绿色防控示范面积100万亩以上，实行联防联控的茶园面积在200万亩以上。印发《贵州省茶树病虫害绿色防控产品应用指导名录》指导全省安全用药。

在加工上，明确无论是大企业还是小作坊，严格卫生要求，确保茶叶从采摘到加工全程清洁化。茶叶采摘过程中，一律禁止使用塑料袋、塑料盆储存茶青，提倡使用以竹制或藤制的天然材料编成的筐或篮盛装茶青。茶叶加工与拼配环节实现全程清洁化，必须要做到茶叶不落地，生产环境整洁干净，杜绝使用违禁添加品。

在监管上，2012年，贵州重拳打击滥施催芽素的行为，在茶园全面禁用催芽素。2014年贵州率先提出茶园全面禁用草甘膦等化学除草剂和吡虫啉、啶虫脒等水溶性农药。同年，提出贵州茶园禁用农药品种120种（包括国家明令禁止使用的农药39种、国家明令禁止在茶树上使用的农药16种）。在31个主产县179个万亩乡镇全面实行茶园用农药专营店（专柜）制度，强化对农药等投入品的监管。贵州还在全国率先创建了全程可追溯的贵州省茶叶质量安全云服务平台，我省一大批茶叶企业和核心基地可在线进行动态观测和质量追溯。

67. 为什么贵州茶园随处可见“宁要草，不要草甘膦”的宣传标语？

草甘膦是一种非选择性、灭生性内吸除草剂，能通过茎叶传导到地下部分，对杂草的地下组织进行破坏，俗称“斩草除根”，因除草效果好、价格便宜，受到广大果农、茶农的青睐。

如果茶园长期大量使用草甘膦水剂，产品中含有的可溶性杂质盐进入土壤，重金属残留在土壤中，土壤盐分不断积累，造成土壤盐碱化和土壤板结，并导致土壤的理化性质发生改变、土壤肥力下降及有害物质富集，引起根系生长发育不良或大量死根，严重影响茶树正常生长，降低茶叶的产量和品质。因此，贵州提出了“不要草甘膦”。

同时，贵州在种植上强调林中有茶、茶中有林、茶林相间，保护了茶园及茶园周围生物的多样性，茶园推广生态控草、以草治草、种草留草等措施，有相对稳定的复合生态系统，为天敌的繁衍、栖息提供场所，增加了自然天敌对害虫的控制作用。

2014年，贵州提出茶园禁止草甘膦等化学除草剂的使用，全面推行人工除草。因此，贵州茶园随处可见“宁要草，不要草甘磷”。

68. 贵州省茶园禁用了哪些农药品种？

为进一步加强茶园投入品管控，参照欧盟及日本等地茶园农药禁用情况，在国家明令禁止在茶树上使用的农药品种名单基础上，贵州省增加了一批禁用农药。

（1）国家明令禁止使用的农药（46种）。六六六、滴滴涕、毒杀芬、二溴氯丙烷、杀虫脒、二溴乙烷、除草醚、艾氏剂、狄氏剂、汞制剂、砷、铅类、敌枯双、氟乙酰胺、甘氟、毒鼠强、氟乙酸钠、毒鼠硅、甲胺磷、甲基对硫磷、对硫磷、久效磷、磷胺、苯线磷、地虫硫磷、甲基硫环磷、磷化钙、磷化镁、磷化锌、硫线磷、蝇毒磷、治螟磷、特丁硫磷、氯磺隆、胺苯磺隆、甲磺隆、福美胂、福美甲胂、百草枯、三氯杀螨醇、硫丹（禁止在农业上使用）、溴甲烷（禁止在农业上使用）、杀扑磷、林丹、氟虫胺（2020年1月1日起）、2，4-滴丁酯（2023年1月29日起）。

（2）国家明令茶树上禁止使用的农药（16种）。甲拌磷、甲基异柳磷、内吸磷、克百威、涕灭威、灭线磷、硫环磷、氯唑磷、氰戊菊酯、氟虫腈、氯化苦、灭多威、磷化铝、乙酰甲胺磷、丁硫克百威、乐果。

（3）贵州省茶园禁用的农药(66种，参照欧盟、日本及摩洛哥等国家茶园禁用标准)。阿维菌素、草甘膦、草铵膦、氧乐果、水胺硫磷、辛硫磷、多菌灵、三唑磷、敌百虫、杀虫单、杀虫双、杀虫环、氯丹、异丙威、敌敌畏、杀螟硫磷、甲氰菊酯、盐酸吗啉胍、灭幼脲、丙溴磷、恶霜灵、敌磺钠、乙硫磷、杀草强、唑硫酸、硫菌灵、六氯苯、杀螟丹、喹硫磷、溴螨酯、定虫隆、嘧啶磷、敌菌灵、有效霉素、甲基胂酸、灭锈胺、苯噻草胺、异丙甲草胺、扑草净、丁草胺、稀禾定、吡氟禾草灵、吡氟氯禾灵、恶唑禾草灵、喹禾灵、氟磺胺草醚、三氟羧草醚、氯炔草灵、灭草猛、哌草丹、野草枯、氰草津、莠灭净、环嗪酮、乙羧氟草醚、草除灵、2, 4, 5-涕、氟节胺、抑芽唑、蜗螺杀、乙拌磷、乙烯利、吡虫啉、啶虫脒、甲氨基阿维菌素苯甲酸盐、灭菌丹。

69. 贵州省在茶园上推荐使用的绿色防控产品有哪些？

（1）杀虫剂。苏云金杆菌、苦参碱、短稳杆菌、金龟子绿僵菌CQMa421、球孢白僵菌、茶皂素、印楝素、香芹酚、藜芦碱、蛇床子素、苦皮藤素、茶核·苏云菌、苦参·藜芦碱、矿物油、石硫合剂等。

（2）杀菌剂。氨基寡糖素、枯草芽孢杆菌、多抗霉素、申嗪霉素、嘧啶核苷类抗菌素、波尔多液、矿物油、石硫合剂等。

（3）植物生长调节剂。赤·吲乙·芸薹、复硝酚钾、烯腺·羟烯腺等。

（4）天敌生物。捕食螨、异色瓢虫、赤眼蜂、小花蝽等。

（5）理化诱控产品。色板（黄、蓝板）、杀虫灯、诱捕器（太阳能自控多方式高效害虫诱捕器、多功能房屋型害虫诱捕器）、诱剂（性诱、食诱等）、迷向素等。

（6）植保器械。低容量电动静电喷雾器、多功能静电喷雾器等。

70. 茶小绿叶蝉是什么？主要防治技术有哪些？

茶小绿叶蝉（*Empoasca pirisuga* Matumura），属半翅目叶蝉科害虫。在贵州一年发生8 ~ 12代，且世代交替。严重危害夏秋茶，受害茶树芽叶蜷缩、硬化、叶尖和叶缘红褐枯焦，芽梢生长缓慢，对茶叶产量和品质影响很大。

茶小绿叶蝉的主要防治技术有以下几点。

①生态调控。通过间作、套作等种植模式，在茶园中及周边种植具有趋避、诱集活性或利于天敌昆虫繁殖、越冬的植物等，例如，在茶园周边种植万寿菊、除虫菊、格桑花，在茶园内种植桂花树、樱花树、苦楝树，在茶树间种植三叶草、罗勒等，构建“茶—林—草—花”的茶园立体、复合生态系统，改善茶园生态环境，创造有利于蜘蛛、小花蝽、瓢虫和草蛉等天敌生存和繁衍生息的适宜生态条件，构建茶园稳定的生态系统。

②农艺措施。冬季进行清园、石硫合剂封园，杀死越冬虫卵。及时采摘和分批采摘，可以带走大量虫卵和低龄若虫。

③光色诱杀。在田间放置色板和安装诱虫灯诱杀害虫，或在茶园安置针对茶小绿叶蝉的化学信息素色板。

④生物药剂防治。掌握虫情，适当用药，药剂可以选用茶皂素、鱼藤酮、除虫菊素、苦参碱和印楝素等植物源性药剂。

71. 茶棍蓟马是什么？主要防治技术有哪些？

茶棍蓟马（*Dendrothrips minowai* Priesner），属缨翅目害虫，主要危害嫩梢芽叶。在贵州茶棍蓟马世代重叠。茶棍蓟马成、若虫具趋嫩性，喜在嫩叶叶面活动和取食，以成虫和若虫锉吸茶叶汁液，被害叶片主脉两侧能见多条纵向内凹的疤痕，叶片微卷，质地变脆，严重者整叶脱落。

茶棍蓟马的主要防治技术有以下几点。

①生态调控。通过间作、套作等种植模式，在茶园中及周边种植具有趋避、诱集活性或利于天敌昆虫繁殖、越冬的植物，例如，在茶园周边种植万寿菊、除虫菊、格桑花，在茶园内种植桂花树、樱花树、苦楝树，在茶树间种植三叶草、罗勒等，

构建“茶—林—草—花”的茶园立体复合生态系统。改善茶园生态环境，创造有利于蜘蛛、小花蝽、瓢虫和草蛉等天敌生存和繁衍生息的适宜生态条件，构建茶园稳定的生态系统。

②农艺措施。冬季进行清园、石硫合剂封园，杀死越冬虫卵。及时采摘和分批采摘，可以带走大量虫卵和低龄若虫，进行天敌防治。

③光色诱杀。在田间放置色板和安装诱虫灯诱杀害虫，或在茶园安置针对茶棍蓟马的化学信息素色板。

④生物药剂防治。掌握虫情，适当用药，药剂可以选用生物药剂（乙基多杀菌素），微生物制剂（球孢白僵菌），或植物源药剂（印楝素和苦参碱）。

72. 茶黑刺粉虱是什么？主要防治技术有哪些？

黑刺粉虱（*Aleurocanthus spiniferus* Quaintance），属同翅目粉虱科害虫。在贵州一年发生4 ～ 5代，以2 ～ 3龄幼虫在叶背越冬。幼虫定居叶背刺吸汁液，并排泄“蜜露”招致茶煤病发生，使树势减退、芽叶稀瘦。

茶黑刺粉虱的主要防治技术有以下几点。

①生态调控。通过与茶树间作、套作等种植模式，在茶园中及周边种植具有趋避、诱集活性或利于天敌昆虫繁殖、越冬的植物，例如，在茶园周边种植万寿菊、除虫菊、格桑花，在茶园内种植桂花树、樱花树、苦楝树，在茶树间种植三叶草、罗勒等，构建“茶—林—草—花”的茶园立体、复合生态系统，改善茶园生态环境，创造有利于蜘蛛、小花蝽、瓢虫和草蛉等天敌生存和繁衍生息的适宜生态条件，构建茶园稳定的生态系统。

②农艺措施。冬季进行清园、石硫合剂封园，杀死越冬虫卵。及时采摘和分批采摘，可以带走大量虫卵和低龄若虫。

③生物药剂防治。掌握虫情，适当用药，药剂可以选用生物药剂（苏云金杆菌和乙基多杀菌素）。

73. 茶毛虫、茶尺蠖、茶毛股沟臀叶甲分别是什么？主要防治技术有哪些？

茶毛虫（*Euproctis pseudoconspersa* Strand），属鳞翅目毒蛾科害虫。在贵州一年发生3代，以卵块在老叶背面越冬。低龄幼虫咬食茶树老叶呈半透膜，以后咬食嫩梢成叶呈缺失状。幼虫群集危害，常数十至数百头聚集在叶背取食。发生严重时茶树叶片取食殆尽。

茶尺蠖（*Ectropis oblique hypulina* Wehrli），属鳞翅目尺蠖蛾科害虫。在贵州一年发生6～7代，以蛹在树冠下表土内越冬。翌年3月上中旬成虫羽化产卵，4月初第一代幼虫始发，危害春茶。幼虫咬食叶片成弧形缺刻，发生严重时，将茶树新梢吃成光秃，仅留秃枝，致树势衰弱，而寒力差，易受冻害。大发生时常将整片茶园啃食一光，状如火烧，对茶叶生产影响极大。

茶毛股沟臀叶甲（*Colaspoides famoralis* Lefevre），以卵块在老叶背面越冬。成虫体腹面黑褐色，体背颜色雌雄常不同。一般雄虫为金属绿色，雌虫金属蓝色，也有少数个体雌雄体背均为黑色并闪金属光泽。成虫咬食茶树老叶，呈筛孔状，严重影响光合作用。

茶毛虫、茶尺蠖、茶毛股沟臀叶甲等食叶性害虫主要防治技术有以下几点。

①农艺措施。冬季进行清园、石硫合剂封园灭蛹。

②光色诱杀。在田间放置色板和安装诱虫灯诱杀成虫，或选用茶毛虫或茶尺蠖性诱剂诱捕成虫。

③生物药剂防治。掌握虫情，适当用药，可以选用生物农

药苏云金杆菌、茶毛虫或茶尺蠖核型多角体病毒，或植物源药剂苦参碱或除虫菊素防治幼虫。

74. 贵州茶树叶部病害主要有哪些？防治技术有哪些？

贵州茶树叶部病害主要有炭疽病、茶饼病、轮斑病、云纹叶枯病、以及由真菌所致的多种叶斑病。

主要防治技术有以下几点。

①加强茶苗病害检疫，杜绝病苗调运。

②构建茶园生态系统，清除杂草，种植绿肥，种植利于天敌繁衍定殖的植物，增加茶园生物多样性，促进茶树健康生长。

③增施磷钾肥，提高茶树抗病能力。

④强化茶园管理，通过修剪和摘除等措施，去除病枝病叶，带离茶园。增加茶园通风透光，降低病害发生率。

⑤对于未采摘茶叶的茶园或早春茶园和晚秋茶园，可喷施0.6%～0.7%石灰半量式波尔多液、0.2%～0.5%硫酸铜溶液、12%松脂酸铜乳油600倍液、45%石硫合剂结晶300～500倍液，或29%石硫合剂水剂200～300倍液，均匀喷雾。可在喷施药剂后20天采茶。

⑥发病初期，生态茶园可选择10%多抗霉素1 000倍液，叶面喷雾。无公害茶园，可选择三唑酮、嘧菌酯等药剂，按药剂推荐剂量施用和药剂安全间隔期采摘茶叶。

75. 茶树冬季封园主要技术措施有哪些？

主要技术措施有：

①土壤管理。10月下旬至11月上旬，开展深耕松土，深度控制在20～30厘米。目的是熟化土壤，加厚耕作层，改善土壤

物理性状，提高土壤蓄水能力，提高土壤孔隙度，改善土壤板结，促进茶树生长，同时结合深耕措施铲除杂草。鼓励茶区增施有机肥替代化肥。在茶叶主产县全面集成推广测土平衡施肥，减少肥料浪费。大力推广瓮福、粒满丰、开磷、金正大等优质茶叶专用肥。基肥施用量一般占全年施肥量的60%。幼龄茶园按每亩施用粪肥等有机肥1 000 ~ 1 500千克，或饼肥100千克，配施磷肥20千克。或采用茶叶专用肥50 ~ 100千克。成龄茶园，每亩施用粪肥等有机肥2 000 ~ 2 500千克，或饼肥200 ~ 250千克，外加磷肥50千克。此外，可根据茶树产茶量，按每亩产干茶50千克，施茶叶专用肥50千克，配施尿素15千克，其氮、磷、钾比例为3 ∶ 1 ∶ 1。茶园专用肥的施肥时间可在冬管时间，尿素施肥时间推后至春茶采茶前1 ~ 2个月。施肥应沿行间开沟深施，施后覆土，防止养分流失。选择茶园周边洁净土壤，对茶树基部进行培土。培土厚度10厘米。黏性土茶园培入沙质的红壤土，沙质土茶园培入黏性土，低产茶园和衰老茶园则应培入红、黄壤心土。

②茶园修剪。成龄茶园采取轻修剪、深修剪和边缘修剪相结合的方法。为控制树高、培养树冠采摘面，每年要对已投产茶园进行一次轻修剪。一般剪去树冠面3 ~ 5厘米，达到树冠表面平整，茶树高度控制在50厘米左右。对于已封行形成无行间通风道的茶园，为利于行间操作和促进通风，要进行边缘修剪，剪除行间交叉枝条，保持茶园行间20 ~ 30厘米。对于有较多细弱枝和鸡爪枝、产量下降明显的茶园，应进行深修剪，可将超出树冠面10 ~ 15厘米的枝条剪除，并将全部鸡爪枝剪掉，利于翌年茶树发芽粗壮、整齐。修剪过程防止病菌通过茶树伤口造成机械传播。可在不利于病菌传播的气候条件下对茶园进行修剪。例如，雨季、高湿有利于病菌孢子萌发、菌丝侵染，可对修剪器材进行简单必要的消毒灭菌。修剪后视田间病害情况，

选择性喷施保护性杀菌剂品种。

③病虫害防治。清除茶园杂草、枯枝病叶，带离茶园，减少茶园越冬病虫基数。可采用45%石硫合剂结晶300 ~ 500倍液，或29%石硫合剂水剂200 ~ 300倍液，对茶丛上下部位、茶蓬内外、叶片正面和背面进行均匀喷雾。

④防冻处理。幼龄茶园种植三叶草是提高土壤温度的有效措施。茶园周边种植杉树等，可对冷空气进行缓冲，减缓冷空气对茶树的冲击。施肥后注意及时培土，在茶树基部培入10厘米厚度的新土，以防外露的根系遭受冻害。茶树行间及根部铺盖稻草或秸秆等，提高土壤温度，保持土壤湿度。幼龄茶园可在蓬面覆盖稻草、杂草或薄膜。

76. 幼龄茶园杂草防除技术有哪些？

幼龄茶园杂草防除建议采用茶园种植三叶草的措施。其具体措施如下：

①播种时期。白三叶草种子适宜春播和秋播。夏季因气温高、光照强，不建议播种。春播可在3月底至4月底；秋播可在9月下旬至10月上旬。考虑茶园采茶等农事操作，建议茶园三叶草播种时间为秋播。

②土壤处理。三叶草种子小，幼苗纤细，出土力弱，苗期生长缓慢。播种前需深耕翻地，清除茶园杂草，带离茶园。平整地面，耙碎土块，使土层疏松、透气。

③播种方法。播种前将种子放入1克钼酸铵和1.5千克水中浸泡12小时，沥干种子，用细土、黄沙或基质土搅拌混匀，进行撒播。播种深度为1 ~ 2厘米，播种后，可用细土或基质土覆盖1厘米。三叶草的理论播种量为10克/米^2，每克种子含1 400 ~ 2 000粒种子，每平方厘米含1粒种子即可。但生产上

播种量往往比理论播种量大，原因与种子发芽率、播种效果等有关。可根据土壤等实际情况，将每亩种子播种量控制在2～3千克。

④生长管护。苗期三叶草需补充少量氮肥，利于壮苗。对于播种前的茶园土壤没有根瘤菌的情况，可适当增加根瘤菌的菌剂或菌肥，利于三叶草根系固氮。三叶草生长两年后的土层紧实、透气性差。在春秋两季返青前，进行耙地松土，增施追肥。三叶草病虫害较少发生，偶有褐斑病和白粉病，可通过及时收割三叶草去除病害，也可施用石硫合剂等药剂进行防治。三叶草茎叶可受介壳虫危害，可选用矿物油等药剂进行防治。

77. 如何防治“倒春寒”引起的茶树病害？

①茶园生态系统构建。茶园周边种植杉树、松树等大型树种和格桑花、万寿菊等蜜源植物等，茶园中种植樱花、桂花等树种，可对冷空气进行缓冲，减缓冷空气对茶树的冲击影响。幼龄茶园种植三叶草，减轻土壤热量流失，提高土壤温度。

②土壤培肥培土。冬季封园施足基肥，基肥施用量一般占全年施肥量的30%。施肥应沿行间开沟深施，施后覆土，防止肥料流失。选择茶园周边洁净土壤，对茶树基部进行培土，培土厚度10厘米，防止裸露根系遭受冻害。

③茶园修剪。冻害发生后，根据冻害程度，对嫩枝嫩叶进行不同程度的修剪。

④抗逆修复。冻害发生前和发生后，可选择氨基寡糖素、碧护等抗逆植物调节剂进行保护和治疗，根据药剂推荐剂量，进行叶面均匀喷施。

五、茶叶加工与品牌

78. 六大茶类如何加工？

在制茶学上，依照茶多酚的氧化程度将初制茶分为绿茶（含品种白茶等特种绿茶）、黄茶、黑茶（安化黑茶、普洱、藏茶等）、青茶（铁观音、单枞、岩茶等）、白茶和红茶六类。其基本加工工艺如下：

①绿茶。鲜叶→杀青→揉捻（做形）→干燥。其中杀青是关键工艺，采用不同“做形”方式，形成扁形、卷曲形、条形、颗粒形4种基本外形品质特征的绿茶。

②黄茶。鲜叶→杀青→揉捻（做形）→闷黄→干燥。其中闷黄是关键工艺。

③黑茶。鲜叶→杀青→揉捻（做形）→渥堆→干燥。其中渥堆是关键工艺。

④白茶。鲜叶→萎凋→干燥。其中萎凋是关键工艺。

⑤青茶。鲜叶→萎凋→做青→炒青→揉捻（做形）→干燥。其中做青是关键工艺。

⑥红茶。鲜叶→萎凋→揉捻（做形）→发酵→干燥，其中

发酵是关键工艺。

另外根据加工程度，茶叶有初制茶、精制茶与再加工茶类之分。初制茶是指鲜叶经上述基本工艺加工而成的产品，又称为毛茶；精制茶是指将初制茶进行筛分、风选、拼配等工序进一步加工而成的产品；再加工茶是将精制茶进一步加工，如窨花成花茶、压制成紧压茶、提取干燥成速溶茶等。

79. 什么是贵州绿茶？

贵州绿茶是指以贵州省境内生长的中小叶种茶树或适制绿茶的大叶种茶树鲜叶为原料，通过杀青、做形、干燥等工序加工而成的，具有翡翠绿，嫩栗香，浓爽味的地域品质特征的绿茶。根据加工工艺不同，贵州绿茶分为炒青绿茶、烘青绿茶和蒸青绿茶。按产品基本外形分为卷曲形、扁形、颗粒形和直条形。

80. 什么是卷曲形贵州绿茶？

卷曲形贵州绿茶是指以贵州省境内生长的中小叶种茶树或适制绿茶的大叶种茶树鲜叶为原料，按卷曲形工艺技术（DB52/T 634）加工而成的卷曲形绿茶。

品质特征：干茶形状卷曲及弯曲，香气嫩栗及嫩清毫浓，滋味鲜醇浓。

有毫型：条索卷曲有毫，产品等级分为特级、一级、二级。

无毫型：条索卷曲无毫，产品等级分为特级、一级、二级。

81. 什么是扁形贵州绿茶？

扁形贵州绿茶是指以贵州省境内生长的中小叶种茶树或适

制绿茶大叶种茶树鲜叶为原料，按照扁形工艺技术（DB52/T 636）加工而成的扁形绿茶。

品质特征：干茶外形扁直，内质香高味鲜醇爽。

扁形茶分为特级、一级、二级。

82. 什么是颗粒形贵州绿茶?

颗粒形贵州绿茶是指以贵州省境内生长的中小叶种茶树或适制绿茶大叶种茶树鲜叶为原料，按照颗粒形工艺技术（DB52/T 638）加工而成的颗粒形绿茶。

品质特征：干茶外形呈颗粒形，内质香气浓郁，滋味鲜浓。

颗粒形绿茶分为特级、一级、二级。

83. 什么是直条形贵州绿茶?

直条形贵州绿茶是指以贵州省境内生长的中小叶种茶树或适制绿茶大叶种茶树鲜叶为原料，按直条形工艺技术（DB52/T 635或DB52/T 637）加工而成的直条形绿茶。

品质特征：干茶外形条索紧直，内质香高持久味鲜爽。

直条形绿茶分为特级、一级、二级。

84. 什么是贵州红茶?

贵州红茶是指以贵州省境内生长的茶树鲜叶为原料，按照红茶工艺技术（DB52/T 639或DB52/T 640）加工而成的红茶。

品质特征：干茶外形有条形、颗粒形、碎茶形，内质甜香高持久，滋味鲜香醇爽。条形红茶分为特级、一级、二级。珠形红茶呈颗粒状，分为特级、一级、二级。

85. 茶青采摘、运输过程中应注意哪些问题？

茶青是茶叶加工的原料，茶青的均匀度、新鲜度、干净度是确定茶叶加工品质的关键。均匀度是指芽叶大小基本一致，确保茶叶加工过程中受热、受力及水分散失的均匀性；新鲜度是指茶青形态的完整性和颜色的鲜活性，故茶青采摘、运输过程中要注意容器的透气性，不要挤压；干净度是指不含其他夹杂物，如枯枝、落叶等。因此，茶青采摘时采用上提法，禁用指甲掐或侧面折断等方式，增加鲜叶机械损伤程度，出现红梗现象，影响加工品质；茶青存放、运输容器一般采用通风性好的竹篓、竹篮、竹制背筐等，禁用塑料袋、塑料盆、塑料桶、塑料筐等通风性差的容器存放、运输茶青，否则会导致茶青内部温度升高，出现红梗红叶，降低茶叶品质。

86. 优质绿茶加工过程中，如何做到适度摊青？

摊青过程中，茶青蒸发部分水分，增加柔软度，保障杀青时杀匀、杀透；蛋白质、纤维素、多酚类物质会发生复杂的水解反应，呈现出鲜爽度、甜度的氨基酸类、可溶性糖类物质增加，涩味物质降低；随着水分的散失，茶青中的青草气逐渐散失，清香、花香逐渐显现。茶青内含成分发生的这一系列化学反应，初步奠定了优质绿茶的品质基础，促使茶叶滋味更加鲜爽、醇和。

摊青环境要求清洁卫生、通风性较好，避免阳光直射；摊青方式建议采用架势摊青，充分利用茶厂高度空间；容器采用带孔的木盘或竹制簸箕，摊青厚度2厘米左右，摊青过程中不翻动茶青，避免芽叶损伤，温度控制不超过25℃，时间8～16小时；摊青叶感官品质要求芽叶柔软，色泽变暗，青气减退，略显清香。

87. 绿茶加工中，杀青方式有哪些？杀青程度如何掌握？

绿茶杀青是指采用高温方式、快速破坏茶青中酶活性的工艺。

目前，提供高温方式主要有：金属导热、热空气、高温水蒸气及辐射。

杀青设备主要有：连续滚筒杀青机、蒸汽杀青机、高温热风杀青机、微波杀青机及光波杀青机。连续滚筒杀青机的优点是型号多、价格便宜，建议一芽一叶嫩度及以上的茶青，采用60型以下的连续滚筒杀青机，一芽二、三叶嫩度及以下的茶青，采用80型以上的连续滚筒杀青机；蒸汽杀青机的优点是保持茶青的“绿度”；高温热风杀青机的优点是速度快、台时产量高、无焦边爆点、控制容易；微波杀青机及光波杀青机的优点是最大程度保留了茶青外在的形态。

杀青适度的特征是：青草气消失、茶叶颜色由鲜绿转为暗绿、不带红梗红叶、叶质柔软、手捏成团、富有弹性。

88. 红茶加工中，如何判断鲜叶萎凋适度？

萎凋是红茶加工的第一道工序。萎凋的方法主要有室内自然萎凋和萎凋槽萎凋两种方式。

①室内自然萎凋。要求室内通风良好，避免日光直射，温度宜保持在20 ~ 24℃，相对湿度60% ~ 70%，摊叶量为每平方米的萎凋帘上摊放鲜叶0.50 ~ 0.75千克，嫩叶薄摊，老叶稍厚。萎凋时间只能作为辅助性判定指标，一般不超过24小时。

②萎凋槽萎凋。温度通常控制在30 ~ 35℃，最高不超过

40℃；风量依设备大小不同，一般萎凋槽长10米、宽1.5米，盛叶框边高0.2米，有效摊叶面积15米^2，摊叶厚度按“嫩叶薄摊”“老叶厚摊”的方式进行，一般小叶种摊放厚度20厘米左右，大叶种摊放厚度在18厘米左右，摊放时要把叶子抖散摊平，使叶子呈蓬松状态，保持厚薄一致、松度一致，以利于通风均匀。萎凋时间一般8～12小时，含水率为60%左右为适度。从感官上来判断，萎凋适度的叶片，叶形萎缩，叶质柔软，茎脉失水而萎软，曲折不易脆断，叶色转为暗绿，表面光泽消失，鲜叶的青草气减退，透出萎凋叶特有的清香。

89. 红茶加工中的揉捻怎么操作？

红茶揉捻采用揉捻机进行，根据揉桶直径，揉捻机分为25型、30型、40型、45型、55型、65型。揉桶直径越大，给予揉捻叶的推力就越大。建议一芽一叶嫩度及以上的茶青，采用45型以下的揉捻机，一芽二、三叶嫩度及以下的茶青，采用55型、65型揉捻机。揉捻转速控制在35～40转/分钟。揉捻时采用“轻揉—重揉—轻揉”的方式进行。刚开始揉捻时要轻揉，待叶片皱褶变多、茶梗弯曲而不断时，即可开始加压（加压程度根据鲜叶老嫩程度而定，通常将压盖压至铝桶1/3处即可）揉捻，待茶叶成团或块、茶汁外流、基本成条时，开始减压揉捻；当茶叶条索紧结、叶色开始变红、茶汁外流、花果香较浓郁时结束揉捻，揉捻过程中一般情况需“轻揉—重揉—轻揉”交替进行3～4次。揉捻是否充分对工夫红茶的发酵影响很大，如揉捻不足，细胞破坏不充分，将导致使“发酵”不良。通常，工夫红茶的揉捻以细胞组织破坏率达80%以上、叶片90%以上成条、条索紧卷、茶叶充分外溢、黏附于叶表面、用手紧握、茶汁溢而不成滴流为适度。

90. 红茶发酵技术要点有哪些？如何适度判断？

发酵是形成红茶色、香、味品质特征的关键性工序。一般是将揉捻叶放在发酵筐或发酵车里，进入发酵室发酵。实际生产过程中，主要通过调控发酵环境温度、湿度、摊叶厚度，促进红茶发酵。

①温度。通常室温控制在20 ~ 25℃，发酵的叶温保持在30℃左右为宜。如叶温超过40℃，要进行翻拌散热，以免发酵变化过分激烈，使毛茶香低味淡、色暗。尤其是在高温季节里要采取降温措施，摊叶要薄，以利于散热降温；反之，气温较低时，摊叶要厚，必要时采取一些保温措施。

②湿度。空气湿度保持在90%以上时，有利于提高多酚氧化酶的活性，有利于茶黄素的形成和积累；反之，发酵时空气湿度过低，不利于茶多酚的酶促氧化，使非酶促氧化加剧，造成汤色和叶底都变暗，滋味淡薄。

③摊叶厚度。一般在8 ~ 12厘米。嫩叶和叶形小的要薄摊；老叶和叶形大的要厚摊。气温低时要厚摊；气温高时应薄摊。但无论厚摊或薄摊，摊放叶子要保持发酵时通气良好。发酵过程中，每30 ~ 40分钟翻动一次叶堆，将叶堆外部分翻到叶堆内，确保叶堆发酵程度一致，以利于散热通气。发酵叶青草气消失，出现一种新鲜的、清新的花果香，叶色红变，即为发酵适度。一般春茶呈黄红色，夏茶呈红黄色。

91. 如何判定黑茶加工过程中渥堆程度？

渥堆是黑茶色、香、味品质形成的关键工序。渥堆的一般操作是，先将晒青毛茶匀堆，洒水使茶叶含水率达到30%左右，再进一步匀堆拌匀，然后将茶叶堆成1米左右高度的茶堆，上面加盖清洁的棉布，让其自然发酵。在发酵过程中，堆温应保持在40～60℃，中间翻拌3～4次。若堆温超过60℃，要立即翻拌降温；若堆温低于40℃，说明水分不足，也应翻拌，并加水提高堆温。不同区域黑茶渥堆时间和程度各不相同，当茶叶色泽变褐、滋味变成浓而醇和即为适度。

92. 红茶加工中的发酵与黑茶加工过程中的渥堆有什么区别？

红茶是全发酵茶，红茶发酵从揉捻、细胞破碎时开始，至毛火干燥结束，主体化学变化是多酚类的酶促氧化作用；黑茶是后发酵茶，在储藏中仍然在进行缓慢发酵陈化作用，黑茶渥堆过程中，伴随着微生物的大量生长，微生物分泌胞外酶，促进多酚类物质发生氧化作用。红茶发酵后叶变为红黄或黄红色，黑茶发酵后叶色变为黄褐色。

93. 茶叶是不是越陈越好？

茶叶贮存过程中，受水分、温度、湿度、氧气、光照等外在因子影响，内含成分会发生化学变化，茶叶香气、滋味会发生变化。一般情况下，氨基酸含量高、多酚类含量低的茶叶不采用自然贮存，应采用低温、密封、避光贮存；而多酚类含量高的茶叶，自然贮存有助于提升品质。受水分、温度、湿度、氧气、光照等外在因子影响，多酚类物质缓慢氧化，降低苦涩味，氨基酸、脂肪酸、糖类等物质也会发生缓慢、复杂的化学变化，可能产生特殊香气物质，但陈放时间不宜超过15年，储藏环境要求温度适中（20～30℃）、湿度低（相对湿度75%左右）、通风。一般情况下，绿茶储存温度10℃以下、相对湿度

50%以下，避光、密封，保质期为24个月，红茶贮存温度25℃以下、相对湿度50%以下，避光、密封，保质期为36个月。因此，并不是所有茶都越陈越好。

94. 贵州茶叶主要公用品牌有哪些？

贵州茶叶区域公共品牌有贵州绿茶、都匀毛尖、湄潭翠芽、遵义红、梵净山茶、凤冈锌硒茶、石阡苔茶、瀑布毛峰、正安白茶、雷山银球茶等。

六、标准体系建设

95. 标准分为哪几个层次？哪种标准要求最高？

《中华人民共和国标准化法》规定：标准包括国家标准、行业标准、地方标准和团体标准、企业标准。国家标准分为强制性标准、推荐性标准，行业标准、地方标准是推荐性标准；强制性标准必须执行，国家鼓励采用推荐性标准。国家鼓励社会团体、企业制定高于推荐性标准相关技术要求的团体标准、企业标准。企业标准要求最为严格。

96. 国家茶叶卫生指标有多少个？主要包括哪些？

在《食品安全国家标准 食品中污染物限量》（GB 2762—2017）和《食品安全国家标准 食品中农药最大残留限量》（GB 2763—2019）中规定了茶叶中1种污染物限量和65种最大农药残留限量（表6-1）。

表6-1　贵州绿茶地标、国家标准、欧盟标准安全指标比较（毫克/千克）

序号	指　标	国标限量	欧标限量	贵州省标限量
1	铅（以Pb计）	5	—	4
2	吡虫啉	0.5	0.05	0.2
3	草甘膦	1	2	0.5
4	虫螨腈	20	50	10
5	啶虫脒	10	0.05	0.2
6	联苯菊酯	5	5	2
7	茚虫威	5	5	2
8	氯菊酯	20	0.1	执行GB 2763—2019
9	苯醚甲环唑	10	0.05	执行GB 2763—2019
10	吡蚜酮	2	0.1	执行GB 2763—2019
11	草铵膦	0.5	—	执行GB 2763—2019
12	除虫脲	20	0.1	执行GB 2763—2019
13	哒螨灵	5	0.05	执行GB 2763—2019
14	敌百虫	2	0.05	执行GB 2763—2019
15	丁醚脲	5	—	执行GB 2763—2019
16	多菌灵	5	0.1	执行GB 2763—2019
17	氟氯氰菊酯和高效氟氯氰菊酯（异构体总和）	1	0.1	执行GB 2763—2019
18	氟氰戊菊酯	20	0.05	执行GB 2763—2019
19	甲胺磷	0.05	0.05	执行GB 2763—2019
20	甲拌磷	0.01	0.05	执行GB 2763—2019
21	甲基对硫磷	0.02	0.005*	执行GB 2763—2019
22	甲基硫环磷	0.03	—	执行GB 2763—2019
23	甲氰菊酯	5	2	执行GB 2763—2019
24	克百威	0.05	0.05*	执行GB 2763—2019
25	喹螨醚	15	10	执行GB 2763—2019

（续）

序号	指　标	国标限量	欧标限量	贵州省标限量
26	硫丹	10	30	执行GB 2763—2019
27	硫环磷	0.03	—	执行GB 2763—2019
28	氯氟氰菊酯和高效氯氟氰菊酯	15	1	执行GB 2763—2019
29	氯氰菊酯和高效氯氰菊酯	20	0.05	执行GB 2763—2019
30	氯噻啉	3	—	执行GB 2763—2019
31	氯唑磷	0.01	—	执行GB 2763—2019
32	灭多威	0.2	0.1	执行GB 2763—2019
33	灭线磷	0.05	0.02	执行GB 2763—2019
34	内吸磷	0.05	—	执行GB 2763—2019
35	氰戊菊酯和S-氰戊菊酯	0.1	0.1	执行GB 2763—2019
36	噻虫嗪	10	20	执行GB 2763—2019
37	噻螨酮	15	4	执行GB 2763—2019
38	噻嗪酮	10	0.05*	执行GB 2763—2019
39	三氯杀螨醇	0.2	20	执行GB 2763—2019
40	杀螟丹	20	0.1	执行GB 2763—2019
41	杀螟硫磷	0.5	0.05*	执行GB 2763—2019
42	水胺硫磷	0.05	—	执行GB 2763—2019
43	特丁硫磷	0.01	0.01	执行GB 2763—2019
44	辛硫磷	0.2	0.1	执行GB 2763—2019
45	溴氰菊酯	10	5	执行GB 2763—2019
46	氧乐果	0.05	0.005*	执行GB 2763—2019
47	乙酰甲胺磷	0.1	0.05	执行GB 2763—2019
48	滴滴涕	0.2	0.2	执行GB 2763—2019
49	六六六	0.2	0.02	执行GB 2763—2019
50	百草枯	0.2	0.05	执行GB 2763—2019

（续）

序号	指　标	国标限量	欧标限量	贵州省标限量
51	乙螨唑	15	0.05	执行GB 2763—2019
52	百菌清	10	0.05	执行GB 2763—2019
53	吡唑醚菌酯	10	0.1	执行GB 2763—2019
54	丙溴磷	0.5	0.05	执行GB 2763—2019
55	毒死蜱	2	2	执行GB 2763—2019
56	呋虫胺	20	—	执行GB 2763—2019
57	氟虫脲	20	15	执行GB 2763—2019
58	甲氨基阿维菌素苯甲酸盐	0.5	0.02	执行GB 2763—2019
59	甲萘威	5	0.05	执行GB 2763—2019
60	醚菊酯	50	0.01	执行GB 2763—2019
61	噻虫胺	10	0.7	执行GB 2763—2019
62	噻虫啉	10	10	执行GB 2763—2019
63	西玛津	0.05	0.05	执行GB 2763—2019
64	印楝素	1	0.01	执行GB 2763—2019
65	莠去津	0.1	0.1	执行GB 2763—2019
66	唑虫酰胺	50	—	执行GB 2763—2019

97. 贵州茶叶卫生指标严于国家标准的指标有哪些？

①污染物限量。铅含量比国标严1.25倍。

②农药残留最大限量。与国标相比，省标中吡虫啉限量严2.5倍，啶虫脒限量严50倍；草甘膦、虫螨腈限量均严2倍；联苯菊酯、茚虫威限量均严2.5倍。其中草甘膦、虫螨腈、联苯菊酯、茚虫威限量严于欧标（表6-2）。

表6-2 贵州绿茶地标与国家标准、欧盟标准安全指标比较（毫克/千克）

序号	指标	欧标限量	国标限量	贵州省标限量	省标与国标对比	省标与欧标对比
1	铅（以Pb计）	—	5.0	4.0	严1.25倍	—
2	吡虫啉	0.05	0.5	0.2	严2.5倍	宽4倍
3	啶虫脒	0.05	10	0.2	严50倍	宽4倍
4	草甘膦	2	1	0.5	严2倍	严4倍
5	虫螨腈	50	20	10	严2倍	严5倍
6	联苯菊酯	5	5	2	严2.5倍	严2.5倍
7	茚虫威	5	5	2	严2.5倍	严2.5倍

98. 茶叶的感官审评包括哪几个方面？

《茶叶感官审评方法》（GB/T 23776—2018）规定，茶叶的感官审评内容包括审评因子及其审评要素。

（1）审评因子。

①细嫩茶和初制茶审评因子。按照茶叶的外形（包括形状、嫩度、色泽、整碎和净度）、汤色、香气、滋味和叶底5项因子进行。

②精制茶审评因子。按照茶叶外形的形状、色泽、整碎和净度，内质的汤色、香气、滋味和叶底8项因子进行。

（2）审评因子的审评要素。

①外形。是指干茶的形状、嫩度、色泽、整碎和净度。

a.形状是指产品的造型、大小、粗细、宽窄、长短等；

b.嫩度是指产品原料的生长程度；

c.色泽是指产品的颜色与光泽度；

d.整碎是指产品的完整及断碎程度；

e.净度是指茶梗、茶片及非茶叶夹杂物的含量。

压制成块、成个的茶(如沱茶、砖茶、饼茶)的外形审评产品压制的形状规格、松紧度、匀整度、表面光洁度、色泽。分里、面茶的压制茶，审评是否起层脱面、包心是否外露等。茯砖加评“金花”是否茂盛、均匀及颗粒大小。

②汤色。是指茶汤的颜色种类与色度、明暗度和清浊度等。

③香气。是指香气的类型、浓度、纯度、持久性。

④滋味。是指茶汤的浓淡、厚薄、醇涩、纯异和鲜钝等。

⑤叶底。是指叶底的嫩度、色泽、明暗度和匀整度（包括嫩度的匀整度和色泽的匀整度）。

99. 目前绿茶、红茶国家标准有哪些？

（1）绿茶国家标准有6个。

绿茶 第1部分：基本要求（GB/T 14456.1—2017）；

绿茶 第2部分：大叶种绿茶（GB/T 14456.2—2018）；

绿茶 第3部分：中小叶种绿茶（GB/T 14456.3—2016）；

绿茶 第4部分：珠茶（GB/T 14456.4—2016）；

绿茶 第5部分：眉茶（GB/T 14456.5—2016）；

绿茶 第6部分：蒸青茶（GB/T 14456.6—2016）。

（2）红茶国家标准有3个。

红茶 第1部分：红碎茶（GB/T 13738.1—2017）；

红茶 第2部分：工夫红茶（GB/T 13738.2—2017）；

红茶 第3部分：小种红茶（GB/T 13738.3—2012）。

100. 贵州为什么要制定贵州省绿茶、红茶地方标准？

贵州由于低纬度、高海拔、寡日照、多云雾、无污染的地理、自然和气候条件形成了独特的生态优势，造就了茶叶的优异品质和安全优势，特别是在茶叶的感官品质、理化指标、卫生指标方面整体高于国家标准，如不制定地方标准，难以体现贵州茶叶特色。

贵州绿茶标准有5个，包括：

贵州绿茶 第1部分：基本要求（DB52T 442.1—2017）；

贵州绿茶 第2部分：卷曲形茶（DB52T 442.2—2017）；

贵州绿茶 第3部分：扁形茶（DB52T 442.3—2017）；

贵州绿茶 第4部分：颗粒形茶（DB52T 442.4—2017）；

贵州绿茶 第5部分：直条形茶（DB52T 442.5—2017）。

贵州红茶标准1个，是指贵州红茶(DB52T 641—2017)。

101. 贵州绿茶标准中哪些指标说明贵州茶树鲜叶（茶青）的持嫩性好？

贵州茶区生态良好，春季气温回升慢，夏秋气温不高，特别是高山茶区相对湿度大，茶叶粗纤维、总灰分低，水溶性灰分高。与绿茶国家标准相比，贵州绿茶粗纤维低1.0 ~ 1.5个百分点，总灰分低0.5 ~ 1.0个百分点，水溶性灰分高5个百分点，这说明贵州茶树鲜叶（茶青）的持嫩性好。

102. 什么是农产品地理标志？

农产品地理标志是指标示农产品来源于特定地域、产品品质和相关特征主要取决于自然生态环境和历史人文因素、并以地域名称冠名的特有农产品标志。此处所称的农产品是指来源于农业的初级产品，即在农业活动中获得的植物、动物、微生物及其产品。

103. 贵州绿茶地理标志的品质特征是什么？

2017年1月，农业部依据《农产品地理标志管理办法》相关规定，颁发国家农产品地理标志登记保护证书，贵州绿茶成为全国首个获准登记保护的省级茶叶区域农产品地理标志。它是在贵州省境内9个市（州）61个县（市、区）贵安新区范围内，由具有生产资质的茶叶企业，选用适制绿茶中小叶种，按照特定生产方式生产加工，并经贵州省绿茶品牌发展促进会授权使用地理标志的企业所生产销售的绿茶产品。

贵州绿茶品质总特征为：翡翠绿、嫩栗香、浓爽味，水浸出物≥40%。

翡翠绿：干茶色泽绿润、汤色绿明亮、叶底绿鲜活。

嫩栗香：既有嫩香，又有栗香，嫩栗韵香持久。

浓爽味：滋味浓厚，醇甘鲜爽，浓爽韵味明显。

104. 茶叶出厂检验一般包括哪些指标？

国家标准规定的绿茶、红茶出厂检验的项目为感官品质、水分、粉末和净含量。贵州绿茶等地理标志产品授权使用企业的出厂检验还包括标志、标签。

105. 绿茶和红茶的贮存条件和保质期相同吗？

绿茶、红茶的贮存条件核心是温湿度要求，《茶叶贮存》（GB/T 30375—2013）规定，绿茶贮存宜控制温度10℃以下、相对湿度50%以下；红茶贮存宜控制温度25℃以下、相对湿度50%以下。

在符合GB/T 30375贮存条件下，贵州绿茶、红茶产品保质期分别为24个月和36个月。

106. 茶叶包装上的标签应该包括哪些内容？

茶叶产品包装后属于预包装食品，按照《中华人民共和国食品安全法》规定，标签应当标明下列事项：名称、规格、净含量、生产日期；成分或配料表；生产者的名称、地址、联系方式；保质期；产品标准代号；贮存条件；所使用的食品添加剂在国家标准中的通用名称；生产许可证编号；法律、法规或食品安全标准规定应当标明的其他事项。

107. 茶叶加工厂办理食品生产许可证需要建立审评室和化验室吗？

《茶叶生产许可审查细则》规定，实行自行检验的企业，应有与企业生产能力和检验需求相适应的检验室。检验室应与加工车间有效隔离，一般分为感官检验室、理化检验室。不具备自行检验的企业，应与具备相应资质的食品检验机构签订有效委托合同，保证对原料和产品进行检验。

108. 茶叶加工厂办理食品生产许可证时，如何确定产品分类？覆盖全部产品？

企业应根据《茶叶及相关制品生产许可审查细则（2015版）产品分类表》确定生产产品所属茶类及其单元，确保覆盖所有产品（表6-3）。

表6-3 茶叶及相关制品生产许可审查细则（2015版）产品分类表

大类	单元	编号	细则	茶类	品种（举例）
茶叶及相关制品	茶叶	1401	茶叶生产许可审查细则	绿茶	炒青绿茶、烘青绿茶等
				红茶	工夫红茶、小种红茶、红碎茶等
				乌龙茶	铁观音茶、闽北乌龙茶等
				黄茶	霍山黄芽茶、君山银针茶等
				白茶	白毫银针茶、白牡丹茶等
				黑茶	六堡茶（散茶）、普洱茶（散茶）等
				花茶	茉莉花茶、桂花龙井茶等
				袋泡茶	袋泡红茶、袋泡绿茶等
				紧压茶	花砖茶、黑砖茶、茯砖茶、康砖茶、普洱紧压茶、紧压白茶等
	边销茶	1402	边销茶生产许可审查细则	边销茶	花砖茶、黑砖茶、茯砖茶、康砖茶、沱茶、紧茶、金尖茶、米砖茶、青砖茶等
	茶制品	1403	茶制品生产许可审查细则	固态速溶茶	速溶红茶、速溶绿茶等
				茶浓缩液	红茶浓缩液、绿茶浓缩液等
				茶粉	绿茶粉、红茶粉等
				茶膏	普洱茶膏等
				调味茶制品	调味速溶茶、调味茶粉等
				其他提取物	表没食子儿茶素没食子酸酯，茶氨酸等
	调配茶	1404	调配茶生产许可审查细则	加料调配茶	八宝茶、三泡台、玄米绿茶等
				加香调配茶	柠檬红茶、草莓绿茶等
				混合调配茶	柠檬枸杞茶等
	代用茶	1405	代用茶生产许可审查细则	叶类代用茶	荷叶、桑叶、薄荷叶等
				花类代用茶	杭白菊、金银花、玫瑰茄等
				果实类代用茶	枸杞、决明子、大麦茶、莲心等
				根茎类代用茶	牛蒡根、甘草、人参（人工种植）等
				混合类代用茶	荷叶玫瑰茶、枸杞菊花茶等

七、黔茶文化

109. 苗族油茶汤如何制作?

先将黄豆、玉米（煮后晾干）、花生米、团散（一种米薄饼）、豆腐干和粉条等分别用油炸好，分装入碗。接着炸茶。锅中放适量茶油或菜籽油，用中小火，锅内油冒微烟时，放入适量的茶叶和花椒翻炒，茶叶转黄焦糖香时，放入姜丝，加水煮沸，再掺入少许冷水煮沸，加入适量胡椒、盐和大蒜后倒入盛有油炸食品的碗中。

110. 布依族甜酒茶如何制作?

居住在罗甸边阳一带的布依族在过年时常见饮用甜酒茶。甜酒茶是在砂罐中加入茶叶和甜酒酿，适当添水，煨开即可。

111. 侗族油茶如何制作?

将适量油入锅烧至冒青烟时，投入茶叶翻炒。当茶叶发出清香时，加入少许芝麻和食盐，再炒几下，加水加盖煮3～5分钟。将油茶汤倒入碗中，洒上花生米、黄豆、笋干、玉米花和芝麻，就可趁热喝了。

112. 土家族擂茶如何制作？

擂茶又名“三生汤”，选用嫩茶鲜叶、生姜和生米混合研碎加水蒸煮而成。然后放入炒熟的花生、芝麻和米花，用硬木棍磨研，混合各种原料，再用勺取出分置碗中，以沸水冲泡。古代擂茶则增加了增加了生姜、食盐和胡椒粉等。

113. 都匀烤茶如何制作？

沏茶前先抓一把都匀茶薄薄地摊在都匀特产的白皮纸上，然后拉着白皮纸将茶叶放在木炭火上慢慢烤，除去可能吸附的异味，茶叶微热香气四溢，再用开水冲沏，发汤快，滋味鲜醇。

114. 仡佬族“三幺台”指的是什么？

“三幺台”是仡佬族人民在接待宾客和嫁娶、节日宴请、建房、寿庆等重要活动时的宴请。“幺台”是方言“结束”的意思。“三幺台”即一桌宴席要经茶、酒、饭三道程序。

115. 彝族罐罐茶如何制作？

高寒地区的威宁、毕节、赫章、纳雍和大方等地的彝族同胞喜喝罐罐茶。先烤热砂罐，再将茶叶放入砂罐继续烤，边烤边抖以免茶叶糊。待茶叶略微发黄时，倒入开水，将砂罐放在大火上煨煮。不时用20厘米的竹质搅茶器搅拌茶水。水开几分钟，茶汤煮好，经沉淀、过滤，配以盐、炒米、芝麻、苏麻等搅拌后即可食用。

116. 不同水质对绿茶茶汤品质有影响吗？

采用不同类型的饮用水冲泡绿茶，对茶汤品质风格存在较大的影响。日常泡茶用水主要包括纯净水（蒸馏水）、天然水（泉水）、天然矿泉水等各类包装饮用水和自来水、水源地水。通常情况，纯净水（蒸馏水）冲泡的绿茶品质纯正，原滋原味；天然水（泉水）对绿茶香气和滋味品质有一定的改善作用；而天然矿泉水对绿茶品质风格影响较大，多数出现负面影响；自来水因水源地的不同，其影响差异较大，一般大城市的自来水冲泡绿茶品质不佳；碱性水一般不适合冲泡绿茶。对一般消费者而言，可选择纯净水（蒸馏水）冲泡绿茶，而要求较高的消费者可选用低矿化度、低硬度的天然水（泉水）。大城市自来水一般可通过静置处理或购置多层膜系统进行处理，以提高用水的品质。

117. 什么是贵州冲泡？

贵州冲泡是指高水温、多投茶、快出汤、茶水分离、不洗茶，简明扼要，通俗地说明了泡茶三要素的泡茶水温、投茶量（茶水比例）、冲泡（出汤）时间之间的关系。

高水温指沸水，多投茶指茶水比1 ：（25 ~ 38）（即4 ~ 6克茶，150毫升水），快出汤指自注水开始计时10 ~ 30秒出汤，茶水分离指冲泡时需要将茶汤与茶叶分离在两个容器中、不洗茶指第一泡茶汤即可直接饮用。

118. 贵州冲泡是最适合上班族轻松享受好茶的方式吗？

贵州冲泡简单易行，将泡茶小白从繁琐复杂的泡茶程序中解放出来。只需要购置一个茶水分离杯，不需要洗茶，用“高水温、多投茶、快出汤”的方式操作，10 ~ 30秒就能轻松获得一杯好茶，享受更健康的生活品质。

119. 贵州冲泡是最适合茶企接待推广贵州茶的方式吗？

在接待、推介时，按照以往习惯，用单芽、3克、80 ~ 85℃，用盖碗等器具茶水分离冲泡，滋味、香气均清淡；茶水不分离冲泡，一方面苦涩不好喝，一方面由于量较多冷却到适宜入口温度需要较长时间，常常出现茶未凉、人已走；不能较好达到接待、推介的目的和效果。而贵州冲泡可以快速、便捷地冲泡出一杯充分展现贵州茶色、香、味且符合客人喜好的茶，简单易学，使茶和泡茶不再高高在上、不再繁琐复杂、不再拒人于千里，使更多人喜欢上茶，有利于茶产业的发展、茶和茶文化的传播。因此贵州冲泡是最适合茶企接待、推广贵州茶的方式。

120. 贵州冲泡的科学依据是什么？

贵州省茶产业发展联席会议办公室联合贵州省农产品质检中心，分别通过国标感官审评和专业仪器理化检测共检测10个参数2 000余个数据，针对水温、投茶量（茶水比例）、冲泡（出汤）时间对茶汤品质的及对茶叶内含物质浸出量的影响进行研究，到底怎样的方式才能泡出一杯更好喝、更健康的茶？

（1）高水温。茶叶有二三百种芳香物质，据研究，大多数令人愉悦的芳香物质都是高沸点的，因此高水温更能激发香气。高水温冲泡可以使茶的优缺点展现无遗，这种冲泡方式可以反过来推动加工工艺和茶叶品质的提升，真正做到好茶不怕开水泡。

（2）多投茶、快出汤、茶水分离。茶叶的滋味是由不同的内含物质所呈现，茶多酚呈涩味、易溶于水、茶氨酸呈鲜爽甘甜味、极易溶于水，而茶叶的干物质含量中不同地域环境和不同茶树品种茶多酚占百分之十几至百分之三十几，氨基酸占百分之三至百分之十几，氨基酸含量远少于茶多酚，若一杯茶一直泡着，则含量更多的呈涩味的茶多酚浸出更多，因此会使苦涩味呈主导滋味，而多投茶快出汤、茶水分离则可使茶多酚和氨基酸的比例比较协调，这样泡出来的茶汤更加鲜爽甘甜，而又有浓度和厚度。

（3）不洗茶。

①农残安全性。第一，贵州茶园“天生丽质”。贵州是高海拔、多云雾、无污染、全境高原的茶区。平均海拔1 100米，高海拔昼夜温差大，冷凉的气候条件下，虫害、病害发生的代数小，生物的多样性使得虫害的天敌较多，因此贵州很多茶园基本上没有病虫害，对农药的需求小。第二，主管部门的严格管控。贵州在全国率先禁止水溶性农药的使用，提出“宁要草，不要草甘膦”，坚持人工锄草，对质量安全实行零容忍和黑名单制。使用生物防控，使用黄板、蓝板、诱虫灯、诱虫房等捕捉害虫，放养病虫害天敌等，最大限度减少农药的投入，在国家明令禁止在茶叶上使用的农药基础上，参照欧盟及日本等国家茶园禁用标准，增加禁用农药名单。农业部网站贵州茶叶农残的合格率多年来一直保持全国第一。

②重金属安全性。2008年在规划贵州未来要种植的400多

万亩茶园的时候，就用GPS定位，检测土壤的pH、还有重金属元素，确保土壤重金属安全且适宜种茶的区域，才规划为茶区。贵州现在种植的几百万亩茶园，都是在这种精确检测、确保重金属安全的背景下种植出来的。

③清洁化程度。第一，严苛的鲜叶采摘。要求用提采法采摘、一律用透气、天然的专用竹篓，不准用塑料制品。第二，加工清洁化。无论是小作坊，还是大型加工厂，加工全程一律不准落地，否则一律查封整治严惩不贷。

由于清洁化和安全性程度高，所以贵州茶是可以不用洗、放心喝的茶，且由于茶氨酸、茶多酚和很多维生素极易流失，所以好品质的干净安全茶，洗了可惜，不需洗，如果茶叶不安全，有农残和重金属，也是洗不掉的。

八、茶与健康

121. 茶叶基本成分有哪些？

茶叶基本成分主要有8类。

①茶多酚，在茶叶中占15%～30%。绿茶中茶多酚主要为儿茶素类，比红茶含量高，红茶中主要为茶黄素；

②生物碱，以咖啡因为主，茶叶中占2%～4%；

③茶多糖，茶叶中约占3%；

④蛋白质和氨基酸，茶叶中游离氨基酸占2%～5%；

⑤维生素，茶树鲜叶中维生素总量占0.6%～1%，以维生素C为主；

⑥碳水化合物，茶叶中占22%左右；

⑦类脂，茶叶中占2%～3%，包括磷脂、硫脂、糖脂和若干脂肪酸；

⑧矿物质，以灰分计算，茶叶中占4%～6%，无机成分主要为50%的钾盐和15%的磷酸盐，其次是钙、镁、铁、锰、铝等，另外还有铜、锌、钠、硼、硫、氟等微量成分，这些元素大部分是人体所必需的微量金属元素。

122. 茶叶主要有哪十大功效？

①抗疲劳；②降血脂血糖；③消食解腻、缓解便秘；④抑菌消炎；⑤抗氧化、抗辐射；⑥解酒、保肝护肝；⑦防治眼科疾病；⑧预防结石；⑨预防动脉粥样硬化；⑩预防神经退行性病变。

123. 茶叶抗氧化的作用是如何进行的？

据研究，茶的抗氧化效果与清除自由基的作用密切相关。茶叶中有多种成分具有清除自由基的功能，其中最主要的成分是茶多酚。茶多酚抗氧化功能的三大机制是抑制自由基的产生、直接清除自由基和激活生物体自身的自由基清除体系。

124. 贵州含有锌硒元素的茶，喝了有什么好处？

锌元素是人体不可缺少的仅次于铁的元素，是人体内数十种酶的主要成分，直接参与核酸和蛋白质的合成。

人体缺锌，可引起生长、发育缓慢、智力低下；性腺机能减退，生殖器官发育不全；贫血、糖尿病；动脉性贤萎缩，胃炎；老年人易患黄斑变性、白内障、肺和心血管等疾病。由于锌元素在维护人体健康中起着举足轻重的作用，因而锌元素被称为“生长元素”“生命火花”“智慧之星”和“婚姻和谐素”。

硒是一种天然的抗氧化剂，在人的生命过程中，有着非常重要的保健作用。经科学家们大量的实验研究和流行病学调查证明，硒元素可使人体内的过氧化物分解，保护细胞膜、心、肾、肺、眼等；清除人体的自由基，增强人体免疫功能；抑制多种致癌物质。

125. 喝什么茶可以减轻辐射?

抵御电脑辐射最简单的方法就是每天喝2～3杯绿茶。茶叶中含有丰富的维生素A原被人体吸收后能迅速转化维生素A。维生素A不但能合成视紫红质，还能使眼睛在暗光下看东西更清楚，因此，绿茶不但能消除电脑辐射的危害，还能保护和提高视力。

126. 喝茶可以减肥吗?

茶叶具有良好的降脂功效，我国古代就有关于茶叶减肥功效的记载。肥胖是由脂肪细胞中的脂肪合成代谢大于分解代谢所引起的。茶正是通过减少血液中葡糖糖、脂肪酸、胆固醇的浓度，抑制脂肪细胞中脂肪的合成以及促进体内脂肪的分解代谢达到减肥的效果。

127. 茶有美容效果吗?

茶叶中的茶多酚是一种抗氧化能力很强的天然抗氧化剂，清除自由基能力超过维生素C和维生素E，因此，茶叶能有效预防和缓解皮肤衰老。

128. 茶叶有防癌的功效吗?

经常喝茶可以预防癌症。茶叶中的活性成分经过血液循环，可以抑制和破坏人体内的部分癌细胞。茶叶的抗癌功效主要依赖于茶多酚类成分，通过清除自由基、抑制致癌物质（如亚硝基化合物)、阻断或抑制肿瘤细胞的生长、促进肿瘤细胞的凋亡从而发挥其防癌的功效。目前，茶叶的防癌功效主要体现在食管癌、胃癌、前列腺癌。另外，茶叶中还有丰富的维生素C和维生素E，也具有辅助抗癌功效。

129. 为什么饭后不能马上饮茶？

茶叶中含有鞣酸和茶碱，这两种物质都会影响人体对食物的消化。需要特别注意的是，如果吃的食物中含有金属元素时，如铁、镁等，鞣酸还有可能与它们发生反应，长年累月就可能形成结石。

胃酸偏酸性，而茶水偏碱性，饭后立即喝茶，茶碱不仅会抑制胃酸的分泌，还会稀释胃酸，影响胃酸中蛋白酶等的分泌，从而影响消化。

正确的做法是，饭后半小时可以喝一些淡茶。

130. 酒后适合喝什么茶？

酒后不能喝浓茶。酒含有乙醇，它和浓茶对心血管的刺激性都很大，也对肾功能造成损害。

酒后饮一杯淡茶可生津止渴，这是正确的做法。现代科学研究证实，茶的醒酒作用主要表现在：兴奋中枢神经，对抗和减缓酒精的抑制作用；扩张冠状动脉，利于血液循环;提高肝脏代谢能力；利尿，促进酒精迅速从体内排出。

131. 胃胀不消化，适合喝什么茶？

胃胀不消化，适合喝绿茶。绿茶可增加新陈代谢，强化微血管循环，减少脂肪沉积。绿茶中的芳香族化合物能溶解脂肪，化浊去腻，防止脂肪积滞体内，维生素B_1、维生素C和咖啡因能促进胃液分泌，有助于消化与消脂。

132. 如何正确看待茶叶的功效？

虽然茶叶具有很多保健和医疗功效，但茶叶毕竟只是一种日常饮用的饮料而不是药物。对于具有明显器质性损伤或经过诊断依据确认某类疾病的人群，如果身体有所不适，还是应该及时到医院去咨询医生，遵医嘱判断是否可以在治疗或服药时饮茶。但茶叶的功效主要是防病保健，维持身体健康离不开合理的生活习惯和科学的膳食结构，经常饮茶有助于保持身体健康，减少身体不适的发生概率。

贵州茶园抗冻减灾技术措施

一、形成原因及表现

贵州省茶园冻害主要包括每年12月至翌年1月发生的凝冻和清明前后发生的“倒春寒”，当温度短时间下降到0℃以下并持续一定时间，使茶树遭受伤害或死亡。表现为成叶边缘变褐，叶片呈紫褐色，嫩叶出现麻点，同时土壤水分冻结，泥土冻裂，把根拉断、冻坏，最终造成受冻叶干枯脱落，越冬芽受害，继而枝梢干枯，直至整株冻死的现象。

二、灾前预防措施

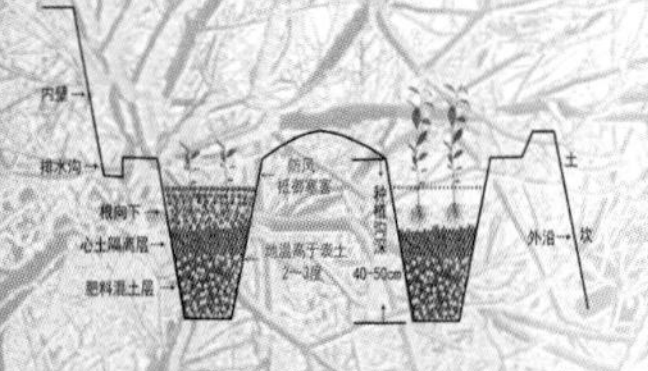

开沟种植：新茶园建设采用开沟非梯式垦植技术，形成的种植沟能避风抵御寒冷，沟内地温高于表土2~3℃。

行间覆盖：以稻草、秸秆、树叶、木屑、厩肥、地膜或间种绿肥覆盖茶地，地温可提高1~2℃。

茶园冬管：及时修剪去除幼嫩枝，增强茶树御寒能力，一般在茶树接近休眠期的初霜前进行。

三、灾后恢复措施

1. 及时修剪

在气温回暖后，立即对受冻枝叶进行修剪。

① 轻度受害（仅叶片受害）：不修剪或酌情轻修剪；

② 中度受害（生产枝受害）、重度受害（骨干枝受害）：在冻死部位和健康部位较清晰时修剪，剪口在冻死部位以下1~2厘米，一般在2月中下旬修剪。

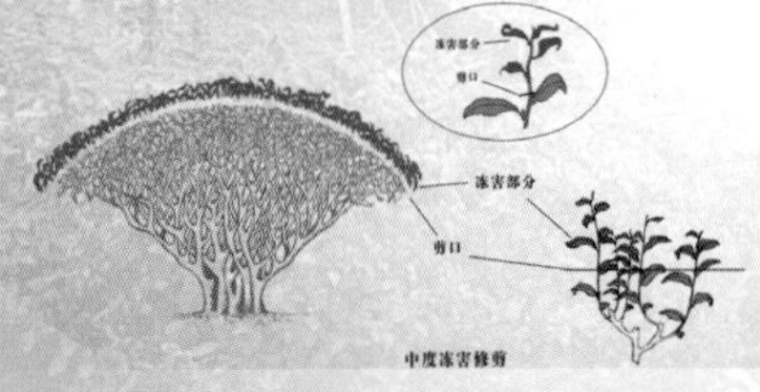

中度冻害修剪

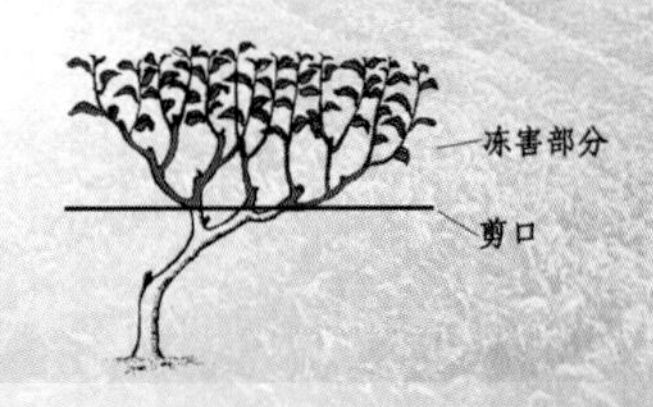

2. 水肥管理

茶树受冻后损耗了体内较多的营养物质，需增施早春肥，及时补给才能迅速恢复生长与发芽；在2月中下旬施高浓度复混肥（氮磷钾养分总量45%）20~40千克/亩，开沟施肥覆土，沟深10厘米，确保提高肥料利用率。

3. 复壮树冠

受冻后修剪的茶树必须实行留叶采摘，以恢复树势为主，采养结合，受冻严重的，经整枝修剪或台刈，当年着重培养树冠，不采、迟采或轻采。

贵州省现代农业（茶叶）产业技术体系　　贵州省农业科学院茶叶研究所　　国家茶叶产业技术体系遵义综合试验站

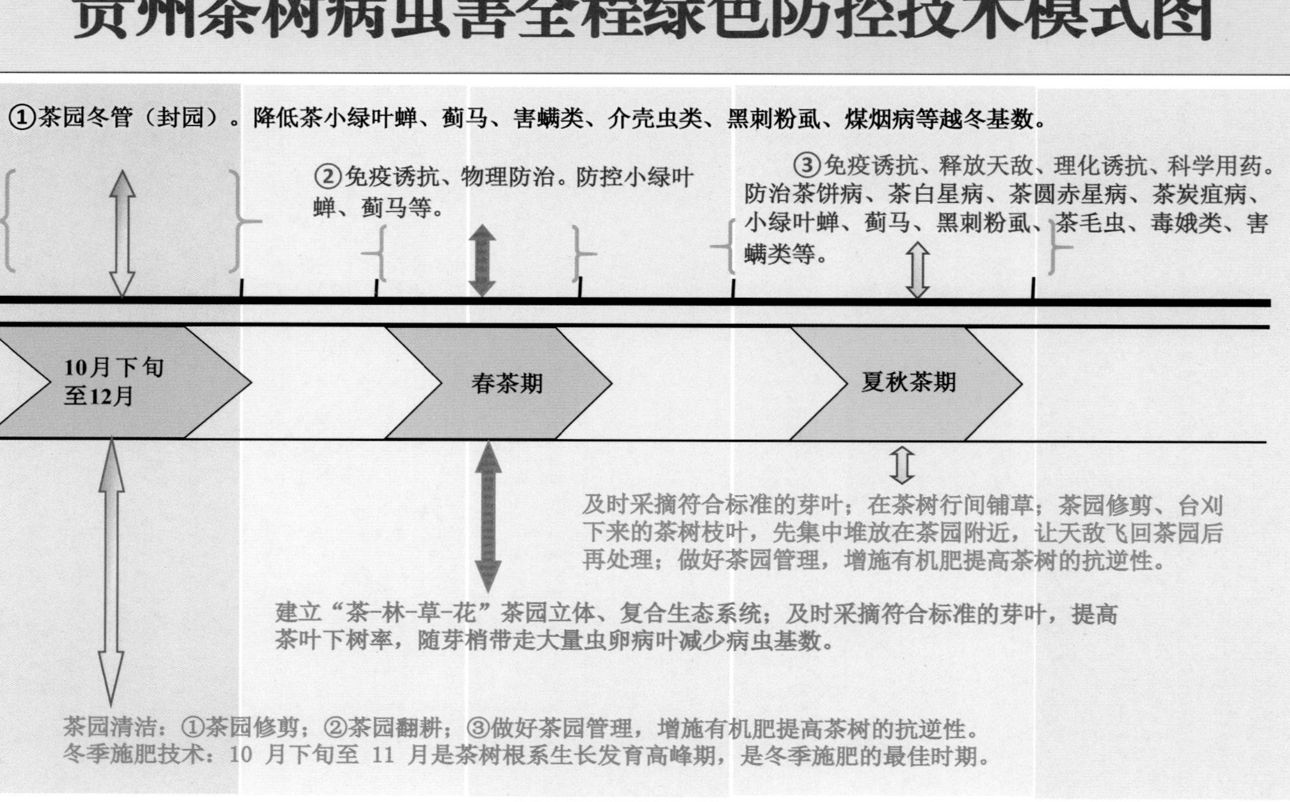
贵州茶树病虫害全程绿色防控技术模式图
①茶园冬管（封园）。降低茶小绿叶蝉、蓟马、害螨类、介壳虫类、黑刺粉虱、煤烟病等越冬基数。
②免疫诱抗、物理防治。防控小绿叶蝉、蓟马等。
③免疫诱抗、释放天敌、理化诱抗、科学用药。防治茶饼病、茶白星病、茶圆赤星病、茶炭疽病、小绿叶蝉、蓟马、黑刺粉虱、茶毛虫、毒蛾类、害螨类等。
10月下旬至12月
春茶期
夏秋茶期
及时采摘符合标准的芽叶；在茶树行间铺草；茶园修剪、台刈下来的茶树枝叶，先集中堆放在茶园附近，让天敌飞回茶园后再处理；做好茶园管理，增施有机肥提高茶树的抗逆性。
建立“茶-林-草-花”茶园立体、复合生态系统；及时采摘符合标准的芽叶，提高茶叶下树率，随芽梢带走大量虫卵病叶减少病虫基数。
茶园清洁：①茶园修剪；②茶园翻耕；③做好茶园管理，增施有机肥提高茶树的抗逆性。
冬季施肥技术：10 月下旬至 11 月是茶树根系生长发育高峰期，是冬季施肥的最佳时期。
贵州省植保植检站

图书在版编目（CIP）数据

茶高效栽培与加工技术轻松学/贵州省农业农村厅组编. —北京：中国农业出版社，2020.3
ISBN 978-7-109-26610-0

Ⅰ.①茶…　Ⅱ.①贵…　Ⅲ.①茶树–栽培技术②制茶工艺　Ⅳ.①S571.1②TS272.4

中国版本图书馆CIP数据核字（2020）第031605号

中国农业出版社出版
地址：北京市朝阳区麦子店街18号楼
邮编：100125
责任编辑：李　蕊　宋会兵
版式设计：杜　然　　责任校对：张楚翘
印刷：中农印务有限公司
版次：2020年3月第1版
印次：2020年3月北京第1次印刷
发行：新华书店北京发行所
开本：880mm × 1230mm　1/32
印张：3.5
字数：71千字
定价：35.00元
